"十三五"职业教育国家规划教材

高职高专特色实训教材

化工设备拆装
实训教程

隋博远　主编
牛永鑫　主审

化学工业出版社
·北京·

本书是根据石化类专业的化工设备拆装实训的课程标准和教学要求编写的，主要内容有：化工设备拆装实训须知、设备拆装常用机具和量具、离心泵拆装实训、其他类型泵拆装实训、活塞式压缩机的拆装与维护、离心式压缩机的安装与修理、换热器的拆装实训、塔设备拆装实训、阀门拆装等。本书力求突出实用性、实践性和易读性，以利于学生综合素质的提高和技术技能的培养，适应高职以"教、学、做"一体化的任务驱动、项目导向的教学改革，是一部以"二维码"应用技术为核心、以化工设备维修车间真实存在的、石化类行业企业广泛应用的机泵设备为载体编写的实训教材，本书与实物相互印证，图文并茂，直观易读。

本书既可作为高等职业技术学院的石化类实训教材，也可作为职业技能培训和工程技术人员的参考书。

图书在版编目（CIP）数据

化工设备拆装实训教程/隋博远主编. —北京：化学
工业出版社，2018.4（2023.3重印）
高职高专特色实训教程
ISBN 978-7-122-31708-7

Ⅰ.①化…　Ⅱ.①隋…　Ⅲ.①化工设备-设备安装-
高等职业教育-教材　Ⅳ.①TQ050.7

中国版本图书馆 CIP 数据核字（2018）第 047431 号

责任编辑：高　钰　　　　　　　　　　文字编辑：陈　喆
责任校对：宋　玮　　　　　　　　　　装帧设计：刘丽华

出版发行：化学工业出版社（北京市东城区青年湖南街 13 号　邮政编码 100011）
印　　装：北京印刷集团有限责任公司
787mm×1092mm　1/16　印张 10½　字数 256 千字　2023 年 3 月北京第 1 版第 9 次印刷

购书咨询：010-64518888　　　　　售后服务：010-64518899
网　　址：http://www.cip.com.cn
凡购买本书，如有缺损质量问题，本社销售中心负责调换。

定　　价：38.00 元

　　化工设备拆装实训是针对石油化工生产技术、精细化学品合成技术、新型材料技术等石化类专业的学生在具备了专业基础知识，并完成制图、认识实训之后进行的，是石油化工类专业学生综合运用机械知识的实践性环节，它注意培养学生解决实际问题的能力，特别是对石化类专业学生来说，对于他们认识机泵设备，解决现场实际问题有着不可忽视的作用。

　　化工设备拆装实训的实用性强，要求学生具有较强的动手能力，而且经验性内容很多，为使学生有步骤、有目的地进行实训，提高实训效果，我们编写了《化工设备拆装实训教程》，以供教师和学生参考。

　　本书主要适用于石油化工类专业，也可用于其他专业。

　　本书共9章，以典型机泵设备为载体，主要介绍了离心泵、其他类型泵、活塞式压缩机、离心式压缩机、换热器、塔器及常用阀门的基本知识及拆卸和装配方法。本课程对提高学生综合分析和解决问题的能力，强化学生的实践技能，培养学生的职业能力和素养起到支撑和促进作用，并为后续的专业课程和未来的工作奠定基础。

　　本书由辽宁石化职业技术学院隋博远老师主编，辽宁石化职业技术学院毛佳老师和黑龙江工程学院机电工程学院刘长喜参编。隋博远老师编写了第2章、第3章、第6~8章，毛佳老师编写了第1章、第4章、第5章及附录，刘长喜老师编写了第9章，书中二维码视频制作由辽宁石化职业技术学院金雅娟老师完成，辽宁石化职业技术学院穆德恒和孙健老师提供技术支持。全书由隋博远老师统稿，由辽宁石化职业技术学院的牛永鑫教授主审，在本书编写过程中，辽宁石化职业技术学院的崔大庆、杨雨松、何瑞珍、陈国增，锦州石化开元公司的李红、王洪侠、中国石油大连石化公司付懋山、张显钊、任立伟等同志提出了许多宝贵意见，在此一并表示感谢！

　　由于笔者水平有限，在编写过程中的不足之处，请读者批评指正，并将意见和建议及时反馈给我们。

编　者
2018 年 3 月

目 录

第4章 其他类型泵拆装实训   49

第 1 章

化工设备拆装实训须知

【实训概要】 <<<—

化工设备拆装实训是学生在掌握了基本化工单元操作、化工识图、化工设备与维护等知识后进行的实训项目，其在前期已对化工设备的外观结构、工作原理等有一定的感性认识，通过本次实训使学生对前面接触的化工设备、机泵及管路阀门等的内部结构和工作原理有进一步的认识学习，从而使学生更加准确把握化工生产流程中所涉及的常用设备的结构特点、工作原理及应用等，以更好地为化工生产服务。

本课程以常见的化工设备、机泵及管路阀门为载体，在有限的时间内通过对其进行拆卸和装配，分析其结构特点，认识其主要零部件结构，使学生由外而内地了解在化工工艺流程中化工设备、机泵及管路阀门的工作原理及特点，了解其操作方法，培养学生对化工设备、机泵及管路阀门的操作使用能力，为将来从事化工企业生产和管理打下良好的实践基础。

1.1 化工设备维修车间简介

化工设备维修车间建设的宗旨是建成集实践教学、培训服务于一体的多功能实训基地，提高学生的技术技能，进一步加深学生对化工装备技术专业的专业课程中一些理论知识点的理解和掌握程度，培养对化工设备、机泵及管路阀门的结构、特点及工作原理认识、理解及掌握，并具备对其操作、维修、保养及管理能力的人才，成为集服务教学及辐射社会培训一体化的多功能实训场地。

本车间还可以为石化、炼油、储运、化工、精化等专业的相关课程提供教学场所。

化工设备维修车间始建于 2010 年，本车间占地面积 560m²，合作贡献企业锦州石化公司投入资金 242 万元，省财政专项资助 150 万元，共投入 392 万元。在骨干校建设期间，学院又投入资金 40 万元进行完善，建成了动设备安装检修实训区和静设备安装检修实训区两大功能区。目前化工设备维修车间拥有各类泵约 30 台，各类压缩机约 15 台，各类换热器约 10 台，其他典型化工设备（塔、釜、罐、加热炉等）约 10 台（套），各类阀门约 10 种。具有按石化企业现场标准要求安装的可运行的流体输送装置约 10 台（套）。其功能在于与企业实际装置的接轨。

以上装置完全满足了化工装备技术专业的工学结合"教、学、做"一体化项目化教学中生产性实践教学，在实践教学中承担着化工设备拆装实训、职业技能培训、管路拆装实训等实践教学工作。同时承担着学生技能大赛培训和职业技能鉴定等。还承担着为企业员工培训等社会工作。体现其多功能性、职业性和开放性。手机扫描二维码 M1-1，可以查看化工设备

M1-1 化工设备
维修车间简介

维修车间简介。

  图 1-1 和图 1-2 为化工设备维修车间的全景图。

图 1-1   动设备安装检修实训区

图 1-2   静设备安装检修实训区

1.2   化工设备维修车间相关配置

  展示柜：存放展示各类小型的机泵及安保设备。
  工具柜：存放用于化工设备拆卸与安装的各种工具与量具。
  龙门吊：用于拆卸电机、换热器管箱等比较重的零部件时辅助起吊装备。
  储存间：用于存放化工设备拆装实训的各种备件和配件等。

1.3   化工设备维修车间的安全制度

  化工设备维修车间承载着化工装备及其他相关专业的教学工作，安全整洁的环境是完成教学不可或缺的条件，因此制度的建设是保证教学顺利进行的前提，车间自建设始就参考企业的管理模式，建立相应的规章制度。

1.3.1 实训车间的 6S 管理

① 整理（SEIRI）——将工作场所的任何物品区分为有必要和没有必要的，除了有必要的留下来，其他的都消除掉。目的：腾出空间，空间活用，防止误用，塑造清爽的工作场所。

② 整顿（SEITON）——把留下来的必要用的物品依规定位置摆放，并放置整齐加以标识。目的：工作场所一目了然，消除寻找物品的时间，整整齐齐的工作环境，消除过多的积压物品。

③ 清扫（SEISO）——将工作场所内看得见与看不见的地方清扫干净，保持工作场所干净、亮丽的环境。目的：稳定品质，减少工业伤害。

④ 清洁（SEIKETSU）——将整理、整顿、清扫进行到底，并且制度化，经常保持环境外在美观的状态。目的：创造明朗现场，维持上面 3S 成果。

⑤ 素养（SHITSUKE）——每位成员养成良好的习惯，并遵守规则做事，培养积极主动的精神（也称习惯性）。目的：培养有好习惯、遵守规则的员工，营造团队精神。

⑥ 安全（SECURITY）——重视成员安全教育，每时每刻都有安全第一观念，防患于未然。目的：建立起安全生产的环境，所有的工作应建立在安全的前提下。

1.3.2 进入车间的基本要求

① 进入车间必须穿好工作服等劳保用品。

② 保持安静，文明实训，不得擅自离岗和串岗。

③ 严格遵守安全操作规程，确保人身和设备安全。

④ 要爱护设备及工量具，做到分类合理、摆放整齐，归还及时，并能定期进行维护保养。

⑤ 对设备进行初次拆装时，必须在教师指导下进行，各组同学应协同合作，严禁私自进行拆装操作。

⑥ 对设备进行拆装操作时，严格遵守操作步骤，杜绝不合理使用工具和量具，而造成破坏的现象。

⑦ 不做与实训内容无关的事。

⑧ 实训结束后要及时清理工位，保养设备，做好车间内的卫生工作。

⑨ 实训结束时，关好电灯门窗，切断总电源，经指导老师检查合格后方可离开车间。

⑩ 管理员要如实记载实训过程中相关的内容。

1.4 拆装实训的基本要求

1.4.1 文明操作与科学拆装

在企业中设备管理是其管理中的一个重要组成部分。只有搞好设备管理，才能保证正常的生产秩序；才能不断提高生产率；才能预防各类事故，保证安全生产。

在化工设备维修车间的设备主要包括两大部分，一部分是运转设备，另一部分是主要用于拆卸与装配的设备。车间的管理主要从这两方面着手，一是保证运转设备的正常安全运行，没有跑、冒、滴、漏；二是保证用于拆装的设备零部件齐全，各配合部分具有一定的精度，在拆卸与装配过程中不造成人为的损坏。因此对车间内的设备管理与企业是一致的，参照企业生产管理和设备检修管理要求，做到文明施工和科学拆装。这主要体现在实训计划的实施过程中，包括准备、现场管理、交工验收、总结等过程。首先要正确使用拆装工具。严禁不合理的打、铲、撬、咬，推行施工工具、机具专业化。积极采用先进的专用工具，如液压、风动工具、机械爪、吊装架、检修车等。使用工具一定要符合标准要求，严禁随意乱用。为此，在进行拆装实训时，要遵循企业在实践中总结归纳的技术规范、操作要领。

（1）"五不乱用"

不乱用工具；不乱拆、乱卸；不乱放零部件；不乱动其他设备；不乱用其他设备、零部件。

（2）"七要七不要"

① 移动电机等笨重设备时要用龙门吊架或螺旋式起落架，不要用撬杠撬；

② 联轴器的拆卸，要用专用的拉力器，不要用手锤打或撬杠撬；

③ 拆卸叶轮时要用中心架或专用工具拉，不要用手锤打或硬行下墩；

④ 拆卸轴承时要用专用工具，不要用管钳、手锤；

⑤ 拆卸配合件（如泵大盖）时要用顶丝顶，不要用手锤打，撬杠橇或扁铲撑；

⑥ 联轴器找正时要优先用千斤顶等专用工装，不要用大锤或铜棒猛敲猛打；

⑦ 拆卸机件时要采取有效措施，不要将漆碰掉或留下脏手印。

（3）设备拆装施工现场要做到"三条线""三不见天""三不落地"和"三净"

① "三条线"：即工具摆放一条线；零部件摆放一条线；材料摆放一条线；

② "三不见天"：即润滑油不见天；清洗过的机件不见天；粉黄甘油不见天；

③ "三不落地"：即使用过的工具、量具不落地；拆卸下的零部件不落地；污油脏物不落地；

④ "三净"：即车间地面净；拆卸与装配场地净；当班施工当班净。

拆装施工完毕要做到"工完料净场地清"。

（4）"三不结束"

即不符合拆装标准不结束；没有拆装检查记录不结束；卫生规划没做好不结束。

（5）对需要润滑的部位要做到润滑油的"五定"和"三级过滤"

机械设备都离不开润滑。因此，设备的润滑技术和管理是设备五大专业管理之一。

① 五定是指：定点、定质、定量、定人、定时。

a. 定点：指机械设备规定的加油部位。不能遗漏，要明确。

b. 定质：指各加油部位应加入的润滑油（脂）的牌号。加入的润滑油（脂）质量必须符合标准。润滑器具必须整洁，专用。

c. 定量：指不同润滑部位和不同润滑方式所加入润滑油（脂）的量，必须按标准和规定执行。

d. 定人：指上述三定内容要明确负责实施人员及工种。

e. 定时：指定时加油，定期换油。一般按设备运行时间计。特殊情况按规定和说明执行。长期停设备，投运前要对润滑油采样分析后方能做出决定；一般情况是更换后投运。

② 三级过滤：合格的润滑油在注入设备润滑部位前，一般要经过几次容器的倒换和储存，每倒换一次容器都要进行一次过滤以杜绝杂质，一般从领油大桶到油箱、油箱到油壶、

油壶到设备之间要进行过滤，计三次，故简称为"三级过滤"。

三级过滤所用滤网要符合下列规定：透平油、冷冻机油、机械油、车用机油所用滤网，一级为60目，二级为80目，三级为100目；汽缸油、齿轮油所用滤网，一级为40目，二级为60目，三级为80目。如有特殊要求则按规定执行。

1.4.2 拆装实训准备

拆装实训前必须落实下列各项准备工作：

（1）拆装内容的审定

① 落实设备的位号和类别，即明确设备位置及该设备的特点。

② 查阅待拆装设备档案，了解掌握待拆装设备的特点、结构，做到心中有数。

（2）拆装方案和开停车方案要落实

根据上述内容制订本次拆装的程序、拆装的主要内容和部位及采取的具体方法。

由于石油化工生产的连续性，因此，企业设备检修一般采用两种方法。一种是局部交出，即启动备用设备将待检修的设备切出运行系统。另一种是装置全部停车进行检修。但无论哪一种，由于石油化工生产的特点，必须严格制订设备交出手续。如与生产系统切断联系；设备内残存的易燃易爆、有毒、有害物质的处理；电源的切断；设备内残压的处理；现场检修环境的制造，都必须严格地办理手续。

在企业中任何一种检修都存在停车、处理交出、试车、开车的过程。都必须制订详尽的方案，逐步落实方能保证设备的顺利检修。因此在学生进行拆装实训时，要培养学生按照企业施工的要求办理各种施工票证，做到没有票证不动手，票证不全不施工的安全操作意识。

（3）备品配件和材料的落实

① 备件的准备。根据对设备的全面了解，判断有可能更换的零配件，备件必须事先落实，从库房领出备件，并进行必要的检查。备件必须要有质量合格证，更不能错领。

② 其他辅助材料的准备。拆装过程中必须使用的其他辅助材料，如垫片、润滑油、紧固件、管阀件、擦机布、棉纱等等，名称、规格、质量必须准确无误。

（4）拆装工器具和机具的落实

① 拆装设备必备的一般工器具如活扳手、开口扳手、梅花扳手、旋锥、剪刀、扁铲等等，规格种类要齐全。

② 专用工器具，如拉力器、顶尖孔垫块、龙门吊架、加护套的吊钩以及其他的专用工器具。

③ 拆装所需的各种机具，如打压泵、手砂轮等；这些机具应保证安全可靠，避免影响拆装工作的顺利进行。

④ 起重器具，如吊链、千斤顶、垫木、钢丝绳等。

⑤ 必要的量具、刃具，如千分尺、游标卡尺、百分表、钢板尺、丝锥、扳手等等。规格、精度要符合检修的需要。

（5）拆装实训中的安全

① 劳动保护用品如工作服、帽子（单工作帽或安全帽）、手套、劳保鞋等要穿戴整齐，符合要求。

② 持手锤或使用手持电动工具时不准戴手套；但持扁铲的手要戴手套。

③ 使用手锤前要仔细检查锤头安装是否牢固可靠；打锤时要注意前后是否有人。

④ 使用扳手时要卡牢螺母，不要用猛力，以防滑脱，发生磕碰伤害事故。

⑤ 吊装零部件时，绳扣、绳套一定要结实可靠；吊物要系牢。掌握好重心平衡，调整重心时，一定要放下吊物后进行。

⑥ 吊物下严禁站人，起吊、放落、移动时速度不得过快，要有专人指挥。

⑦ 两人以上搬运零部件时，要协调动作，相互打好招呼，防止发生意外。

⑧ 操作时不得打闹、嬉笑或聊天，一定要专心致志，集中精力。

要爱护和正确使用量具和工器具，不得随意乱用、乱丢，保持好量具的精度。

1.5　实训考核

为了加强实训管理，增强学生的组织纪律性，使学生更好地完成实训任务，特制定如下考核标准：

学生实训考核以出勤、纪律、测绘、动手能力、实训报告和答辩为主，内容如下：

（1）出勤

学生必须准时出勤，不准迟到、早退和旷课，有病、有事必须请假，以班主任和系内假条为准，否则按旷课处理。

（2）纪律

实训期间必须严格遵守实训室纪律及各项规章制度，对违纪学生视情节轻重给予不同程度的处理。

（3）动手能力和测绘能力

分优秀、良好、中等、一般、较差和差六个等级。

优秀：能较好地独立制订拆装实训计划，动手能力强，操作准确到位，独立完成测绘任务，图纸清洁无误，内容齐全。最终由计算机完成制图。

良好：基本能较好地独立制订拆装实训计划，动手能力较强，操作基本准确到位，可以独立完成测绘任务，图纸基本清洁无误，内容较齐全。最终由计算机完成制图。

中等：在别人帮助下能制订拆装实训计划，动手能力中等，操作能够准确到位，在别人帮助下可以完成测绘任务，图纸基本清洁，内容有缺项。最终由计算机完成制图。

一般：在别人帮助下制订拆装实训计划有一定的困难，动手能力一般，操作质量一般，在别人帮助下基本可以完成测绘任务，图纸基本清洁，内容有缺项。最终由计算机完成制图。

较差：在别人帮助下较困难制订拆装实训计划，动手能力较差，操作准确性及质量较差，在别人帮助下完成测绘任务也较困难，图纸有较多错误，内容有缺项。

差：不能完成上述工作。

（4）答辩和实训报告

分优秀、良好、中等、一般、较差和差六个等级。

优秀：能正确回答答辩提问，报告内容完整准确，字迹工整。

良好：基本能回答答辩提问，报告内容较完整准确，字迹较工整。

中等：能回答大部分答辩提问，报告内容基本认为完整准确，字迹较工整清晰。

一般：不能回答一半的答辩提问，报告内容不完整，字迹一般。

较差：只能少部分回答答辩提问，报告内容不完整，不准确，字迹较乱。

差：不能或只能回答少量答辩提问，报告内容不完整，不准确，字迹较乱。

（5）成绩评定

实训结束后，根据上述四项内容，综合评定，给出成绩，在考核中优秀率为 5%～20%（学生数），但必须符合：①全勤；②组织纪律性强，无任何违纪行为；③动手能力和测绘能力及答辩和实训均为好者。

对符合下列条件之一者，成绩为不合格：

① 病事假超过实训时间三分之一者。

② 旷课达实训时间四分之一者。

③ 在实训过程中严重违纪，违反操作规程，造成事故者。

④ 无故迟到、早退累计时间达到实训时间四分之一者。

⑤ 考核中的第三、四项均为差者，或者有一项合格其他方面表现不好者。

以上考核标准仅供实训教师参考。

第 2 章

设备拆装常用机具和量具

【内容提要与训练目标】 ‹‹←

化工设备维修车间是学生对车间内的机泵设备进行认识实训及拆装实训及技能培训的实训车间，车间内的设备符合企业装备的特点，因此进行实训时，对车间内的常用拆装机具和量具的结构认识及正确安全使用，是保证实训安全进行的关键。因此学生在实训中要遵循生产实践的要求，及工、量具的正确使用方法。

（1）实训目的

① 认识实训室内常用的工具和量具；

② 通过学习，能正确使用常见的工具和量具；

③ 能够了解常见的工具和量具维护保养知识。

（2）实训设备

常用拆卸与装配工具，拆卸与装配机械，起重工具与机械，测量工具。

（3）实训内容

在化工设备拆装实训过程中，不可避免地要用到各种各样的拆装与检测机具。俗话说"手巧不如家什妙"，正确选择和使用这些机具才能提高工作效率，保证实训质量。在钳工实训中，学生已熟悉了划线、铲、切、锯、剪、刮研等工种，以及夹具和小型设备和使用与保养，本章只对化工设备拆装所需的常用拆卸、装配工具和测量工具做以介绍。

2.1 任务一 认识起重工具

【任务描述】 ‹‹←

本任务主要要求学生认识钢丝绳、滑轮及滑轮组和常用的取物装置的结构。

（1）钢丝绳

由于钢丝绳具有强度高、自重轻、弹性好、运行平稳等优点，在起重、捆扎、牵引和张紧等方面获得广泛应用。

钢丝绳一般分为圆钢丝绳、编织钢丝绳和扁钢丝绳三大类，起重机用的钢丝绳多为圆钢丝绳。如图 2-1 所示。

圆钢丝绳由股绕成绳，绳的中央加绳芯，绳芯的种类可分为有机芯、石棉芯和金属芯三种。有机芯是用浸透润滑剂的麻绳做成，工作时起润滑作用，不承受高温和横向力；石棉芯是用石棉绳做成芯，耐高温但不承受横向力；金属芯则是用软钢丝做芯子，强度大，可耐高温和承受横向力。

　　钢丝绳按结构分类可分为单捻、双捻和三捻钢丝绳。单捻钢丝绳不宜作起重绳，适合于作张紧绳、架空索道的承载绳；双捻钢丝绳广泛用于起重；三捻钢丝绳制造复杂，起重机很少应用。

　　钢丝绳按捻向可分为同向捻、交互捻和混合捻，同向捻钢丝之间接触好，表面平滑，挠性好，使用寿命长，但容易自行松散、扭转和打结，不宜用于自由悬挂重物的起重机中，适宜于有刚性导轨（如电梯）和经常保持张紧的地方，如牵引小车的牵引绳；交互捻是由钢丝绕成的股与

图 2-1　钢丝绳

由股绕成的绳方向正好相反，因不易松散扭转，广泛应用于起重机构中；混合捻由于制造困难，应用较少。

　　按钢丝表面情况分为光面钢丝绳和镀锌钢丝绳两种。光面钢丝绳适用于空气干燥，没有腐蚀气体的环境；镀锌钢丝绳适用于潮湿环境下工作，根据镀锌层的厚度分为 A 级、AB 级和 B 级，A 级镀层最厚，AB 级居中，B 级最薄。

　　钢丝绳在连接或捆扎物体时，需要打各种结。为了便于钢丝绳与其他部分的连接，在钢丝绳的末端常做成各种形式的接头，起重用钢丝绳在使用过程中，由于受力、摩擦、腐蚀等作用，将逐渐遭到损坏。为防止其在使用过程中发生意外事故，保证安全生产，国家标准 GB/T 5972—2016《起重机　钢丝绳　保养、维护、检验和报废》中规定了绳的报废条件。主要内容有：在相应使用条件下，钢丝绳在规定长度范围内断裂钢丝数达到规定的数值时须报废；出现整根绳股断裂应报废；外层钢丝磨损达到其直径的 40％时应报废；钢丝绳直径相对公称直径减小 7％或更多时，即使未发现断丝也应报废；因腐蚀表面出现深坑，钢丝相当松弛时应报废；钢丝绳严重变形时应报废。

　　（2）滑轮及滑轮组

　　① 滑轮：滑轮是用来支承挠性件并引导其运动的起重工具。受力不大的滑轮直接安装在芯轴上使用，机动起重机多用滚动轴承支承滑轮，如图 2-2 所示。

图 2-2　滑轮

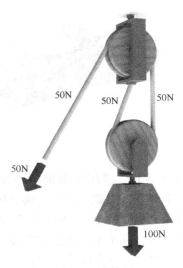

图 2-3　滑轮组

② 滑轮组：滑轮组是由一定数量的动滑轮、定滑轮和挠性件等组合而成的一种简单的起重工具。其主要功用是省力和减速。如图 2-3 所示。

在起重工作中，经常需要进行选择滑轮组的计算。在选择时，必须考虑到现场所有的卷扬机或拖拉机以及绳索的能力，应使滑轮组上绳索的实际拉力不大于绳索的最大许用拉力；如果绳索的最大施用拉力很大，则还要使实际拉力不大于卷扬机或拖拉机的最大牵引能力。

（3）取物装置

取物装置又称吊具，是吊取、夹取、托取或其他方法吊运物料的装置。化工厂中常用的取物装置有以下几种。

① 起重吊钩：起重吊钩简称吊钩，是起重机械中常用的吊具，有单钩和双钩两种。

② D 形卸扣：D 形卸扣又称卡环，是一种常用的拴连工具。卸扣有裂纹或永久变形应报废。

③ 吊索和吊链：吊索又称吊绳，它是用来捆吊重物的一种钢丝绳。制造吊索应使用柔软的钢丝绳，一般用标记为 6×61 的钢丝绳制成。吊索可分为万能吊索（封口的）、单钩吊索和双钩吊索三种。吊索的特点是自重小、刚性大，不能用于起吊高温的重物。

吊链是用起重链制成的，用于捆吊重物。

2.2 任务二 认识起重机械

【任务描述】 <<←

本任务主要要求学生认识实训室中的千斤顶、手拉葫芦的结构。

（1）千斤顶

千斤顶是一种利用刚性顶举件在小行程内顶升重物的轻小起重设备。常用的有螺旋千斤顶和液压千斤顶，如图 2-4 所示。

图 2-4　千斤顶

① 螺旋千斤顶：常用的螺旋千斤顶起重量为 50～500kN，起升高度为 130～400mm，自重为 75～1000N。螺旋千斤顶能够自锁。

② 液压千斤顶：常用的液压千斤顶起重量为 15～5000kN，起升高度为 90～200mm，自重 25～8000N。液压千斤顶能够自锁。

使用千斤顶时应注意以下事项：

　　a. 千斤顶的支承应稳固，基础平整坚实；

　　b. 千斤顶使用时，不应加长手柄；

　　c. 千斤顶应垂直放在重物下面；

　　d. 千斤顶在使用时，应采用保险垫块，并随着重物的升降，应随时调整保险垫块的高度；

　　e. 多台千斤顶同时工作时，宜采用规格型号一致的千斤顶进行同步操作。

　　（2）手拉葫芦

　　手拉葫芦俗称斤不落或倒链，是一种以焊接环链为挠性承重件的起重工具，如图 2-5 所示。起重时，用挂钩将手拉葫芦悬挂在一定高度，捆绑重物的吊索挂在吊钩上，拉动手拉链条（使链轮顺时针方向转动），可将重物吊起。若要使重物下降，只需反向拉动手拉链条即可。手拉葫芦起重量为 5～300kN，起升高度为 2.5～3m。如选用较长起重链条，可增大起升高度，最大可达 12m。

　　手拉葫芦的悬挂支承点应牢固，悬挂支承点的承载能力应与该葫芦的起重能力相适应；转动部分必须灵活，链条应完好无损；不得有卡链现象。手机扫描二维码 M2-1 可以查看手拉葫芦的使用。

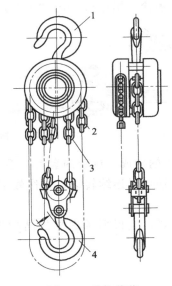

图 2-5　手拉葫芦

1—挂钩；2—手拉链条；3—超重链条；4—吊钩

M2-1　手拉葫芦的使用

2.3　任务三　认识拆卸与装配工具

【任务描述】◄◄◄

　　本任务主要要求学生认识实训室中常用的扳手、拔轮器、撬杠、手锤等拆卸与装配工具的结构及使用方法。

　　拆装工具主要用于对设备进行解体和组装。常用的有如下几种：

（1）扳手

扳手是机械装配或拆卸过程中的常用工具，一般是用碳素结构钢或合金结构钢制成，主要用于拆装方头和六角头螺纹连接件，常用的有活络扳手、开口扳手、棱花扳手、套管扳手和管扳手等。还有用于拆装端面开槽（或孔）的圆螺母用的钩型扳手。

在使用扳手时，要根据所拆装零件进行选择，不得随意加大转矩而使连接件破坏。在使用内六角扳手和开口扳手时，一定要与所拆装的零件相吻合，不得迁就而造成不必要的工具或工件破坏。

1）活扳手（也称活络扳手）

使用活扳手应让固定钳口受主要作用力，否则容易损坏扳手。扳手手柄的长度不得任意接长，以免拧紧力矩太大而损坏扳手或螺栓。如图 2-6 所示。

2）专用扳手

专用扳手是只能扳拧一种规格螺栓和螺母的扳手。它分为以下几种。

① 开口扳手：开口扳手也称呆扳手，它分为单头和双头两种。选用时它们的开口尺寸应与拧动的螺栓或螺母尺寸相适应。如图 2-7 所示。

② 整体扳手：整体扳手有正方形、六角形、十二角形（梅花扳手）等几种。其中以梅花扳手应用最广泛，能在较狭窄地方拧紧或松开螺栓（螺母）。如图 2-8 所示。

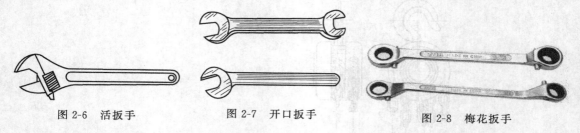

图 2-6　活扳手　　　　图 2-7　开口扳手　　　　　　图 2-8　梅花扳手

③ 套筒扳手：套筒扳手由梅花套筒和弓形手柄构成。成套的套筒扳手是由一套尺寸不等的梅花套筒组成。套筒扳手使用时，弓形的手柄可以连续转动，工作效率较高。如图 2-9 所示。

④ 锁紧扳手：用来装拆圆螺母。有多种形式，应根据圆螺母的结构选用。如图 2-10 所示。

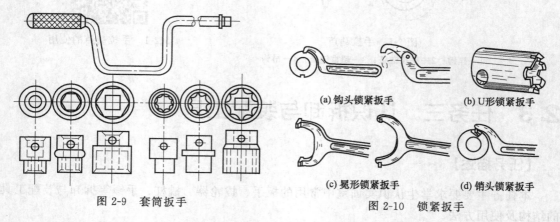

(a) 钩头锁紧扳手　　　(b) U形锁紧扳手

(c) 冕形锁紧扳手　　　(d) 销头锁紧扳手

图 2-9　套筒扳手　　　　　　　图 2-10　锁紧扳手

⑤ 内六角扳手：内六角扳手如图 2-11 所示，用于装拆内六角头螺钉。这种扳手也是成

套的。

（2）旋锥（俗称螺丝刀）

1）一字旋锥和十字旋锥

如图 2-12 所示。旋锥是用来拆装端面开有一字槽或十字槽的螺钉的工具，有一字形和十字形两种。十字旋锥主要用于拆装十字形槽的各种螺钉，具有转矩大、旋转稳定的特点。一字旋锥主要用于拆装端面开一字槽的螺钉。

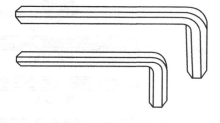

图 2-11　内六角扳手

图 2-12　螺丝刀

在使用旋锥时要注意刃口的宽度和厚度必须与所拆螺钉槽的长度和宽度相符，旋锥轴线要与螺钉轴线重合，不得倾斜。不得用小型号旋锥去拆装大螺钉，以免损坏工具或破坏螺钉槽，不得把旋锥用作扁铲或撬棍。发现刃口损坏要及时修磨。

2）通心螺丝刀

通心螺丝刀是旋杆与旋柄装配时，旋杆非工作端一直装到旋柄尾部的一种螺丝刀。它的旋杆部分是用 45 钢或采用具有同等以上力学性能的钢材制成，并经淬火硬化。

通心螺丝刀主要用于装上或拆下螺钉，有时也用它来检查机械设备是否有故障，即把它的工作端顶在机械设备要检查的部位上，然后在旋柄端进行测听；依据听到的情况判定机械设备是否有故障。

（3）拆卸器（拔轮器也称拉马）

主要用于拆卸轴上的滚动轴承、皮带轮、齿轮、联轴器、叶轮、轴套等零部件。

拆卸器种类很多，常用的有两爪式、三爪式和铰链式。如图 2-13 所示。钩爪可进行移动调节，也可用于安装。按操作方式又可分为手动式和液压式。

拆卸器种类虽多，但在使用时都要遵循如下原则：即拆卸器必须对称，轴线必须与所拆零件轴线重合，不得有倾角，要均匀缓慢加力，各拉杆钩爪受力要均衡，保持丝杆顶尖完好，并经常注润滑油，不得用手锤敲击爪部，以免损坏。

（4）手锤

手锤是机械拆卸与装配工作中的重要工具，是由锤头和木柄两部分组成的，手锤的规格按锤头重量大小来划分。一般用途锤头用碳钢（T7）制成，并经淬火处理。木柄选用比较坚固的木材做成，常用手锤的柄长为 350mm 左右，如图 2-14 所示。

木柄安装在锤头孔中必须稳固可靠，要防止脱落造成事故。为此，木柄敲紧在锤头孔中后，应在木柄插入端再打入楔子，以撑开木柄端部，将锤头锁紧。锤头孔做成椭圆形是为了防止锤头在木柄上转动。

（5）錾子

錾子是錾削工具，一般用碳素工具钢锻成。常用的錾子有扁錾、尖錾和油槽錾。如图 2-15 所示。

　　扁錾的切削部分扁平，用来去除凸缘、毛刺和分割材料等，应用最广泛；尖錾的切削刃比较短，主要用来錾槽和分割曲线形板料，油槽錾用来錾削润滑油槽，它的切削刃很短，并呈圆弧形，为了能在对开式的滑动轴承孔壁錾削油槽，切削部分做成弯曲形状。各种錾子的头部都有一定的锥度；顶端略带球形，这样可使锤击时的作用力容易通过錾子的中心线，錾子容易掌握和保持平稳。

图 2-13　拆卸器　　　　　　　图 2-14　手锤　　　　　　　　图 2-15　錾子

　　錾切时锤击应有节奏，不可过急，否则容易疲劳和打手。在錾切过程中，左手应将錾子握稳，并始终使錾子保持一定角度，錾子头部露出手外 15～20mm 为宜，右手握锤进行锤击，锤柄尾端露出手外 10～30mm 为宜。錾子要经常刃磨以保持锋利，防止过钝在錾削时打滑而伤手。

（6）管子钳

　　管子钳是用来夹持或旋转管子及配件的工具；钳口上有齿，以便上紧调节螺母时咬牢管子，防止打滑。如图 2-16 所示。

图 2-16　管子钳

（7）撬杠

　　如图 2-17 所示。撬杠是用 45 或 50 钢制成的杠子，用于撬动物体，以便对其搬运或调整位置。使用时，撬杠的支承点应稳固，对有些物体的撬动，也应防止被撬杠损伤。

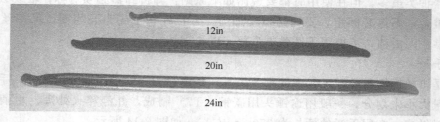

图 2-17　撬杠（1in＝25.4mm）

　　在有爆炸性气体环境中，为防止操作中产生机械火花而引起爆炸，应采用防爆工具。防爆用錾子、圆头锤、八角锤、呆扳手、梅花扳手等是用铍青铜或铝青铜等铜合金制造的，且铜合金的防爆性能必须合格。铍青铜工具的硬度不低于 35HRC，铝青铜工具硬度不低于 25HRC。

　　在拆装过程中还要用到垫木、铜棒等其他工具，使用时一定要按操作规程和要求，在教师的指导下操作，绝对禁止蛮干。

2.4　任务四　认识常用测量工具

【任务描述】 ◀◀◀━

本任务主要要求学生认识实训室中常用的游标卡尺、千分尺、卡钳、直尺、水平仪等测量工具的结构及使用方法。

测量工具是在拆卸、安装过程中或拆卸完成后，对配合间隙、工件尺寸等进行测量，以判断其是否合格，或保证装配精度。常用的测量工具有：

（1）钢板尺和卡钳

钢板尺按其长度可分为 150mm、300mm、500mm 和 1000mm 等规格，尺面有公制和英制刻度。主要用于测量工件的长度。它与卡钳配合，可测得工件的内、外径。如图 2-18 所示。

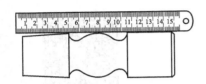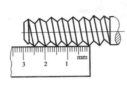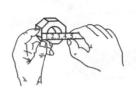

图 2-18　钢板尺及应用

卡钳可用于测量工件的内外径（与直尺配合），分为内卡和外卡。卡钳的大小按所用场合配制。如图 2-19 所示。

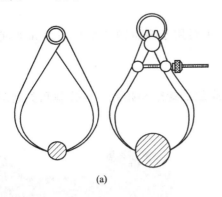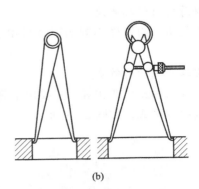

(a)　　　　　　　　　　　　　　(b)

图 2-19　卡钳

（2）游标卡尺

如图 2-20 所示。

游标卡尺是一种精度较高的测量工具，可用于测量工件的内径、外径、槽宽、槽（孔）深和工件的长度。在使用时要注意轻拿轻放。手机扫描二维码 M2-2，查看游标卡尺的使用。

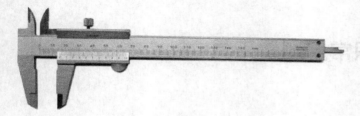
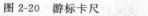

图 2-20　游标卡尺

M2-2　游标卡尺的使用

（3）百分尺（又称千分尺）

如图 2-21 所示。百分尺是一种精密的量具，能准确测出 0.005～0.01mm 的精度，主要用于测量工件的内径、外径、长度和宽度等，按测量内容不同可分为内径百分尺、外径百分尺和深度百分尺。手机扫描二维码 M2-3，查看千分尺的使用。

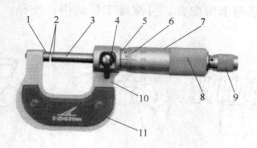

图 2-21　千分尺

M2-3　千分尺的使用

1—固定测钻；2—硬质合金头；3—活动测杆；4—止动器；5—固定套管；
6—微分筒；7—活动套；8—弹簧垫；9—测力装置；10—尺架；11—绝热垫

（4）厚薄规（俗称塞尺）

厚薄规是由一组厚度不同的薄片所组成，主要用于测量两个接合面之间的间隙，如图 2-22 所示。

（5）螺纹量规和圆弧规

螺纹量规又称扣尺或扣规，主要用于测量螺纹的螺距和扣数，分公制和英制两种，由一套齿形样板组合而成，如图 2-23 所示。

图 2-22　塞尺

图 2-23　螺纹量规

圆弧规又称圆角验规，由一组不同半径的圆弧样板组成，每一种尺寸都由凸圆弧和凹圆弧组成，主要用于检验工件内外径圆弧。

（6）百分表

如图 2-24 所示。百分表主要用于零件加工或机器装配时检验尺寸精度。须装在专用支架上使用。可测端面的垂直度和圆度等形状公差。

（7）水平仪

水平仪又称水平尺或水准器等，常用在安装、验收或修理工作中检查零件、机器或设备的水平或垂直状况。

常用的水平仪有长方形水平仪和方框形水平仪两种。如图 2-25 所示。

图 2-24 百分表

(a) 方框形水平仪　　　　　(b) 长方形水平仪

图 2-25 水平仪

测量时，水平仪放在被测物体的表面上，若被测表面水平，则水平气泡中心在水平管零点处；若被测表面不水平，则水平管内气泡向高的一侧移动，移动的路程为从零点起沿水平管到停稳后气泡中心点的弧长，该弧长所对圆心角等于被测表面的倾斜角。气泡中心点的位置，可根据水平管上的刻度读出。

方框形水平仪（又称方框式水平仪或方水平），可以用来检查机器或设备安装后的水平状况，还可用其垂直边框检查机器或设备安装后的垂直状况。

除了以上的两种水平仪外，还有一种精度较高的光学合像水平仪。如图 2-26 所示。

把光学合像水平仪放在倾斜的表面上测量时，气泡移向高侧，通过旋钮调节细牙螺杆，转动水平管，使水平气泡中心回到零点位置，然后从倾斜度标尺和旋钮下方的倾斜度刻度盘上读出被测表面的倾斜度。

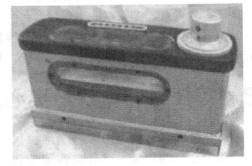

图 2-26 光学合像水平仪

（8）常用测量仪器的维护与保养

以上介绍的量具大部分是高精度的，因此在使用时要注意以下几点：

① 合理使用，轻拿轻放，不得随意乱放和磕碰，不得将卡尺当直尺使用；

② 使用完毕后及时清理，擦净油污，以防锈蚀。要分类存放，妥善保管；

③ 根据工件的精度要求，合理选用，不准用精密量具测量要求不高、表面质量不高的工件；

④ 各种刻度尤要注意保护，不得划伤；

⑤ 根据量具的使用规定，定期对其计量检验，校核精度。

在化工设备拆装过程中，遇到大型的零部件还需要用到天车、手拉葫芦、绳等吊装工具，在使用时要注意安全。按照操作规程，在教师指导下使用。

第 3 章

离心泵拆装实训

【内容提要与训练目标】 <<<──

泵通常是指提升液体、输送液体或使液体增加压力，即把原动机的机械能转换为液体能量的机器。泵在化工企业中起着举足轻重的作用，工艺过程中液体的输送，燃油、润滑油的输送等都离不开泵。对泵的结构的认识是正确使用泵和操作泵的前提，本章重点拆装各种常见的离心泵，通过拆装认识其结构和工作原理。

（1）实训目的
① 认识离心泵装置的组成；
② 能对维修车间的各种类型泵进行拆装，分析其结构、组成；
③ 能认识离心泵的各主要零部件；
④ 能对简单的零部件进行测绘。

（2）实训设备
离心泵装置、Y 型油泵、中开式离心泵、分段式多级离心泵、悬臂式离心泵、齿轮泵、螺杆泵、往复泵、旋涡泵和喷射器等。

（3）实训内容
本项目实训内容主要是对化工设备维修车间各种类型的离心泵进行拆装，以对不同形式的离心泵的结构进行认识、比较、分析，并了解其各零部件的相对位置关系及工作原理。

3.1 任务一 认识离心泵装置及其结构

离心泵因其结构简单、易于维护、适用范围广、价格便宜，而在化工厂中得到了广泛应用。它是利用泵内叶轮的高速旋转，使液体产生离心力来输送液体，给液体增加能量的。为了使离心泵正常运转，保证化工生产正常运行，对泵的维护是必不可少的。为此必须了解离心泵的结构。对于技术人员必须懂得离心泵的拆卸和装配，以及主要零部件的维护。

离心泵在化工生产中的应用，数量之大、种类之多是其他运转机器无可比拟的。做好离心泵的维护与修理工作是化工生产的需要，也是节约原材料、降低化工生产成本、保护环境的重要措施。要搞好离心泵的检修工作，必须抓住四大重要环节：正确地拆装；零件的清洗、检查、修理或更换；精心组装；组装后的各零件之间的相对位置及各部件间隙的调整。

在本维修车间内有与企业结构相同的装置，图 3-1 为离心泵装置简图。它由泵、吸入系统和排出系统三部分组成。吸入系统由吸入储槽、吸入管 3、底阀 4、滤网 5 组成。排出系统由排出储槽、排出管 9、逆止阀 7 等组成。手机扫描二维码 M3-1，可以查看离心泵装置的组成。

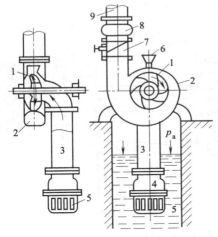

图 3-1　离心泵装置

1—叶轮；2—泵壳；3—吸入管；4—底阀；5—滤网；
6—注水口；7—调节阀；8—逆止阀；9—排出管

M3-1　离心泵装置的组成

离心泵在启动之前，泵内应灌满液体。工作时，泵叶轮中的液体跟着叶轮旋转，因而产生离心力，在此离心力作用下液体自叶轮飞出。液体经过泵的压液室、扩压管，从泵的排液口流到泵外管路中。与此同时，由于叶轮内液体被抛出，在叶轮中间的吸液口处造成底压，因而吸液池中的液体，在液面上大气压的作用下，经吸液管及泵的吸液室而进入叶轮中。这样，叶轮在旋转过程中，一面又不断地给吸入的液体以一定的能量，将它抛到压液室，并经扩压管而流出泵外。

3.2　任务二　单级离心泵的拆卸与安装

离心泵种类繁多，不同类型的离心泵结构相差甚大，要搞好离心泵的修理工作，首先必须认真了解泵的结构，找出拆卸难点，制订合理方案，才能保证拆卸顺利进行。下面以单级单吸离心泵为例介绍其拆卸与装配过程，如图 3-2 所示。然后再以 Y 型油泵、悬臂式离心泵、分段式离心泵以及水平剖分泵为例来介绍泵的拆装以及泵主要零部件的维护、修理知识。

3.2.1　拆卸前的准备工作

在离心泵拆装过程中必须注意以下几点：

① 在拆装之前，熟悉备拆离心泵的图样，阅读泵的说明书，了解泵的详细结构。

② 做好拆卸前的准备工作。清理现场，准备好泵拆卸所需要的工具和量具、放置零件的托盘。对于螺栓、垫片等小零件及机械密封等贵重零件要单独放，避免丢失或损坏。

③ 拆装配合较紧的零部件时，要合理使用专用工具。必要时用木块或铜棒垫好后再用手锤轻轻敲打，禁止蛮干。

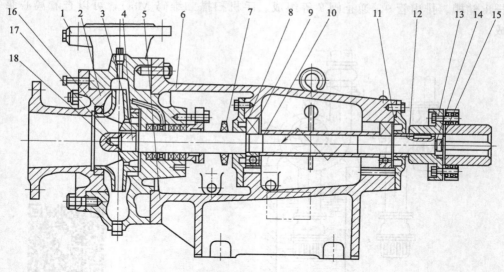

图 3-2　单级离心泵结构

1—泵体；2—泵盖；3—叶轮；4—轴；5—托架；6—轴封；7—挡水环；8,11—挡油圈；9—轴承；10—定位套；
12—挡套；13—联轴器；14—止退垫圈；15—小圆螺母；16—密封环；17—叶轮螺母；18—垫圈

④ 对机器配合面等质量要求较高的零件，拆卸时尤要注意，防止擦伤、损坏。

⑤ 拆卸轴承箱时应先回收润滑油，以防止造成浪费或污染现场。

⑥ 拆装过程中要注意安全，细心保持场地清洁。

（零件按拆卸顺序摆放，以免碰坏零件）。

3.2.2　拆卸顺序

首先切断电源，确保拆卸时的安全。关闭出、入口阀门，隔绝流体来源。开启放液阀，削除泵壳内的残余压力，放净泵壳内残余的介质。拆除两半联轴器的连接装置。拆除进出口法兰的螺栓，使泵壳与进、出口管路脱开（对于后开式泵无此过程）。

① 机座螺栓的拆卸　机座螺栓位于离心泵的最下方，最易受酸、碱的腐蚀与氧化锈蚀。长期使用会使得机座螺栓难以拆卸。因而，在拆卸时，除选用合适的扳手外，应用松动剂或机油浸泡，或用手锤对螺栓进行敲击振动，使锈蚀层松脱开裂，以便于机座螺栓的拆卸。机座螺栓拆卸完之后，应将整台离心泵移到平整宽敞的地方，以便进行解体。

② 泵壳的拆卸　拆卸泵壳时，首先将泵盖与泵壳的连接螺栓松开拆除，将泵盖拆下。在拆卸时，泵盖与泵壳之间的密封垫，有时会出现黏结现象，这时可用顶丝对称拧入，将泵盖与泵壳分开，也可用手锤敲击通心螺丝刀，使螺丝刀的刀口部分进入密封垫，将泵盖与泵壳分离开来，但要注意不能破坏密封表面。

然后，用专用扳手卡住前端的轴头螺母（也叫叶轮背帽），沿离心泵叶轮的旋转方向拆除螺母，并用双手或拆卸器将叶轮从轴上拉出。

最后，拆除泵壳与托架（轴承箱）的连接螺栓，将泵壳沿轴向与托架（轴承箱）分离。对于使用填料密封的泵，泵壳在拆除前，应将其后端的填料压盖松开，拆出填料，以免拆卸时，增加滑动阻力。

③ 泵轴的拆卸　要把泵轴拆卸下来，必须先将轴组（包括泵轴、滚动轴承及其防松装

置）从托架（轴承箱）中拆卸下来。为此，需按下面的程序来进行。

a. 用拉力器将离心泵的半联轴器拉下来，并且用通心螺丝刀或錾子将平键冲下来。

b. 拆卸轴承压盖螺栓，并把轴承压盖拆除。

c. 将铜套筒从叶轮端套在轴上，并用手锤敲击套筒，使轴向后端退出托架（轴承箱）。或将轴头螺母拧紧在轴上，并用手锤铜棒敲击轴头螺母，使轴向后端退出托架（轴承箱）。

d. 拆除防松垫片的锁紧装置，用锁紧扳手拆卸滚动轴承的圆形螺母，并取下垫片。

e. 用拉力器或压力机将滚动轴承从泵轴上拆卸下来。

有时滚动轴承的内环与泵为过盈配合时，由于过盈量太大，出现难以拆卸的情况。这时，可以采用热拆法进行拆卸。

3.2.3 零部件的清洗

对零部件进行清洗是拆卸工作后必须进行的一项工序，经过清洗的零部件，才能进行仔细检查与测量。清洗工作的质量，将直接影响检查与测量工作的精度。因此，认真地做好清洗工作，是十分重要的。

3.2.4 零部件的堆放

拆下来的零件应当按次序放好，尤其是多级泵的叶轮、叶轮挡套、中段等。凡要求严格按照原来次序装配的零部件，次序不能放错，否则会造成叶轮和密封圈之间间隙过大或过小，甚至会出现泵体泄漏等现象。整机的装配顺序基本与拆卸相反。注意各技术指标按照图纸或《设备维护检修规程》进行调整。

3.3 任务三 Y型油泵的拆卸与安装

Y型油泵用来输送不含固体颗粒的石油、汽油、煤油及柴油等石油产品，也可用来输送清水或其他无腐蚀性的液体。被输送介质温度在Y型及YS型卧式离心油泵内为−45～400℃。

3.3.1 型号意义

50Y——60×2；

2——叶轮个数，级数；

60——泵设计点单级扬程值，m；

Y——离心式油泵代号；

50——泵吸入口直径，mm。

3.3.2 离心式油泵检修规程

（1）检修周期和检修内容

1）检修周期：

小修3～4月；大修12～18月。

2）检修内容：

① 小修

a. 检修机械密封或更换填料；

b. 检修轴承、调整间隙和校核联轴器同轴度；

c. 清扫并修理冷却水、封油和润滑系统；

d. 检查修理在运行中发生的缺陷和渗漏或更换零件并紧固各部位螺栓。

② 大修

a. 包括小修项目；

b. 解体检查各零部件磨损、腐蚀和冲蚀程度，必要时进行修理和更换；

c. 检修和调整主轴心线不直度；

d. 校核转子径向与端面跳动，必要时做静平衡；

e. 检查轴承；

f. 检查调整轴套、填料、压盖、口环、耐磨衬板、环形压出室、泵体和托架等各处的间隙；

g. 测量并调整泵体水平度，消除泵体上因进出口管线支架下沉和吊装松动带来的附加应力；

h. 校验压力表，更换润滑油。

（2）检修方法及质量标准

1）主轴部分

① 轴颈的圆柱度不得大于轴径的 1/2000，最大不得超过 0.03mm。且表面不得有伤痕，粗糙度不低于 $Ra0.8\mu m$。

② 以两轴颈为基准，测联轴器和轴中段的径向跳动，其允许误差要求如下：直径 18～50mm 时，径向跳动允许误差 0.03mm；直径 50～120mm 时，径向跳动允许误差 0.04mm；直径 120～260mm 时，径向跳动允许差 0.05mm。

③ 键与槽结合应紧密，不许加垫片，键与轴的键槽配合过盈量应符合要求（N9/h9）。

2）转子部分

① 转子的跳动量不得超过如下要求：轴径≤50mm，轴套的径向跳动 0.04mm，叶轮口环的径向跳动 0.05mm；轴径 50～120mm，轴套的径向跳动 0.05mm，叶轮口环的径向跳动 0.06mm；轴径 121～260mm，轴套的径向跳动 0.06mm，叶轮口环的径向跳动 0.08mm。

② 轴套：

a. 轴套与轴不得采用同一种材料，以免咬死；

b. 轴套端面对轴心的垂直度不得大于 0.01mm；

c. 轴套与轴的接触面粗糙度均不低于 $1.6\mu m$，采用 D/d 配合（H7/h6）。

③ 叶轮：

a. 叶轮在轴上的配合一般采用 D/gd（H7/js6）配合；

b. 新装叶轮应找静平衡，找静平衡时在叶轮外径上允许的不平衡重在 3000r/min 工作时，不得大于如下规定：叶轮外径≤200mm，不平衡重＜3g；叶轮外径 201～300mm，不平衡重＜5g；叶轮外径 301～400mm，不平衡重＜8g；叶轮外径 401～500mm，不平衡重＜10g；

c. 叶轮应用去重法进行平衡，但削去的厚度不得大于壁厚的 1/3；

d. 叶轮应无砂眼、穿孔、裂纹或因冲蚀使壁厚严重减薄；

e. 叶轮与轴配合时，键顶部应有 0.1～0.4mm 间隙。

3）滚动轴承

① 径向轴承与轴配合采用（k6）；

② 止推轴承与轴配合采用（js6），止推轴承不应压死，一般有 0.02~0.06mm 间隙；

③ 滚动轴承拆装时，应使用专用工具，要求采用热装，用热油加热到 100~120℃，但严禁直接用火焰加热；

④ 滚动轴承的滚子与滑道表面应无腐蚀、坑疤与斑点。

4）轴向密封

① 压盖和静环座必须均匀把紧；

② 压盖和填料函止口的配合为 D4/d4（H7/h8）；

③ 机械密封压盖中，静环内端面防转槽根部与防转销应保持有 1~2mm 轴向间隙，以防止压不紧密封圈和别劲。

④ 动环安装：

a. 零件质量应严格符合技术标准；

b. 机械密封的弹簧旋向和轴的转动方向要一致，弹簧压缩量一定要符合规定要求，不要任意加大或减小压缩量。

5）壳体部分

① 壳体密封环与叶轮的间隙要求如下：密封环直径 <100mm，壳体密封环和叶轮密封环标准间隙 0.60~0.80mm，更换间隙 1.30mm；密封环直径 ≥100mm，壳体密封环和叶轮密封环标准间隙 0.80~1.00mm，更换间隙 1.50mm；

② 环形压出室和耐磨衬板之间的配合采用 D4/d4（H8/h8）；

③ 托架止口和泵体的配合采用 D/d（H7/h7）。

6）联轴器

① 联轴器与轴配合采用 D/gd（H7/js6）；

② 联轴器两端面间隙一般为 3~5mm；

③ 安装弹性圆柱联轴器时，其橡胶圈与柱销应为过盈配合并有一定压紧力，橡胶圈与联轴器的直径间隙应为 1~1.5mm；

④ 联轴器的找正符合如下规定：弹性圆柱销式联轴器径向跳动 ≤0.08mm，端面跳动 ≤0.06mm；弹性联轴器径向跳动 ≤0.10mm，端面跳动 ≤0.06mm；

⑤ 联轴器找正时，电动机下边的垫片每组不得超过四块。

（3）维护

① 离心泵不得采用关小进口阀的办法调节流量，以防吸入管路阻力增加而引起汽蚀；

② 经常检查进、出口压力变动和泵体振动情况；

③ 严格执行《化工厂设备润滑管理制度》各项规定；

④ 保持封油压力比泵出口压力高 0.5~1.5kgf/cm²；

⑤ 检查泵运转无杂音，发现有异常状态时应及时处理；

⑥ 经常检查备用泵状态，每班手动盘车一次，每次盘车半转（180°）；

⑦ 发现不符合本规程规定时应立即处理；

⑧ 热油泵停车时，每隔半小时盘车一次，每次盘车半转（180°），直到 100℃ 为止，密封油、冷却水要正常供给，直至温度达到常温；

⑨ 定期校验压力表。

3.3.3　50Y60×2 离心式油泵的拆卸步骤

① 拆除联轴器安全罩的地脚螺栓，卸安全罩。

② 盘车、检查转子运转有无卡阻或不均匀现象，以判断转子状况。

③ 安装找正表架，检测联轴器同轴度数值。

④ 放油。将废油回收盘放置在丝堵处，做好接油准备，松开或卸下轴承箱上排油丝堵，将箱内润滑油排出，注意不要使油流出油盘以外而污染环境。

⑤ 将泵体附属的冷却水管、封油管、平衡管线等全部拆除。

⑥ 在联轴器与短接上分别打上标记，拆下中间短接，同时检查联轴器柱销及橡胶弹性圈有无损坏，旋上螺母，摆放整齐。

⑦ 将托架联轴器一端支撑好，拆下泵体与泵盖连接螺栓，均匀顶入顶丝，将泵盖、托架与转子部分整体从泵体中抽出。

注意：

a. 在旋入顶丝时，两端用力一定要均匀，随检查，随拧入，随调整，注意扳手的力度，不可用蛮力，力感较重时应停下检查原因；

b. 在整体抽出过程中，要注意另一端的支撑；

c. 即将全部抽出时，要支撑泵盖下部；

d. 保护好泵盖与泵体的垫片，整体拆下后，立即测量垫片厚度，做好记录。

⑧ 检查清洗泵体内腔，测量泵体前密封环内孔直径做好记录。

⑨ 平稳放置转子整体（与泵体座分离），由叶轮端开始，依次将叶轮螺母、二级叶轮、级间隔板、级间轴套、一级叶轮、定位套、机械密封弹簧盒盖及静环、轴套、键拆卸下来。

注意：

a. 拆卸过程中工具随时放回原位，拆卸下的零部件要按拆卸顺序整齐摆放；

b. 拆卸过程中要留意各零件是否有垫片，若有，应测量记录其厚度；

c. 拆卸过程中要测量记录零件安装位置，以免在装配时出现差错；

d. 拆卸机械密封时，要根据密封的结构形式，仔细检查轴套上有无位置记号，若没有，则先做好记号后再拆卸。

⑩ 将泵轴上的联轴器用拔轮器拆下，同时拆下键。

注意：

a. 拔轮器顶尖要对正中心及轴端顶尖眼或顶尖垫的中心孔；

b. 拔轮器拉力爪一定要咬住联轴器，拉爪距离要调整好；

c. 施力时不得过快、过猛。当感觉拉力相当大时，若联轴器不移动，则应停止施力，用铜棒或铜锤适当敲击震动，或用煤油浸润后再拆卸；

d. 联轴器即将拉下时，要用手托住拔轮器和联轴器，一同移出。

⑪ 松动轴承箱前后挡水环螺栓，卸下轴承箱前后压盖螺栓，取下挡水环、甩油环，轴承压盖。

注意：

a. 轴承压盖两端螺栓拆除后，用顶丝将压盖顶开，也可用锤柄轻击，稍有缝隙，可用通心螺丝刀分离；

b. 拆卸轴承压盖时，应注意保护垫片，避免损坏；同时，用棉纱在下端接住残油。

⑫ 将铜套筒从叶轮端套在轴上，并用手锤敲击套筒，使轴及轴承向后端退出托架（轴承箱）。或将叶轮螺母拧在轴端，然后用手锤通过铜棒轻击，将轴及后轴承一同打出后，将轴整体抽出。

⑬ 将拆下的零件依次清洗，并顺序整齐地放置在干净的托盘中。

不同的 Y 型油泵在结构上及所用的零部件上略有不同，其拆卸方法基本一致，在拆卸过程中有些零部件的拆卸可交叉进行，也可先后顺序调整，不影响对其拆卸，要根据具体情况进行安排和调整。

现以车间内的二级 Y 型油泵为例展示其拆卸过程：如图 3-3（a）~（z）所示。

手机扫描二维码 M3-2 可以查看单级 Y 型油泵的拆卸。

M3-2　单级 Y 型油泵的拆卸

(a) 拆卸联轴器保护罩

(b) 拆卸联轴器及中间短接

(c) 拆卸轴组与泵体连接螺栓(必要时用顶丝将两者分开)

(d) 用撬杠将轴组拆除

(e) 拆卸叶轮螺母(旋向与叶轮旋向相同)

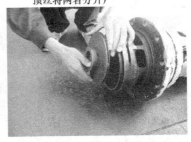

(f) 拆卸二级叶轮

(g) 拆卸级间隔板

(h) 拆卸一级叶轮

(i) 拆卸定位轴套

(j) 拆卸键

(k) 拆卸隔板轴套

(l) 用拔轮器拆卸泵轴上半联轴器

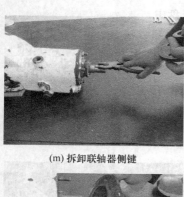
(m) 拆卸联轴器侧键

(n) 拆卸挡油环(防尘罩)

(o) 拆卸轴承压盖螺栓

(p) 拆下轴承压盖

(q) 拆卸轴承箱(或托架)与泵盖连接螺栓

(r) 拆下泵盖

(s) 拆卸密封压盖

(t) 拆卸轴套及密封动环

(u) 波纹管机械密封组件

(v) 拆卸叶轮侧挡油环(防尘罩)

(w) 拆卸叶轮侧轴承压盖螺栓

(x) 拆下轴承压盖

(y) 用套筒与手锤配合，拆卸轴及轴承

(z) Y型油泵解体后的主要零部件

图 3-3　Y 型油泵的拆卸过程

泵拆卸后对零部件进行清洗检查,维修更换已损坏或失效的零部件。

3.3.4　Y型油泵装配

Y型油泵的装配过程与拆卸过程相反,在清洗检查、更换相关零部件后即可进行,在装配时应注意以下内容。

安装轴组时应从托架(轴承箱)后面装入,原因是二级Y型油泵在工作时产生的轴向力一是靠叶轮的对称排列平衡掉,剩余的则由轴承承担,在托架(轴承箱)的后部有定位止口,如图3-4所示,这也是拆卸轴及轴承时从叶轮侧向后打出的原因。

该泵的后轴承是一对角接触球轴承背对背安装即宽端面对宽端面,能承受较大的径向负荷为主的径向和轴向联合负荷和力矩负荷,限制轴的两方向的轴向位移。轴承通过圆螺母和止退垫圈定位,前轴承采用的是带挡圈的圆柱滚子轴承,可承受一定的轴向负荷。这类轴承负荷能力大,主要承受径向负荷。如图3-5所示。

图3-4　托架(轴承箱)后部结构

图3-5　前后轴承结构

该泵的机械密封为波纹管机械密封,在安装时要注意保护各密封面清洁、干净不受损坏。各配合表面如轴与轴承、轴承与轴承箱、及联轴器与轴等,在安装时涂抹机油,以利于润滑,减少摩擦阻力。

安装轴承压盖时,注意回油槽在下,不能装错,如图3-6所示。

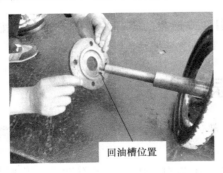

回油槽位置

回油槽位置

图3-6　压盖的正确安装方向

泵盖与托架(轴承箱)组装时,要保证泵的吸入口与泵壳上的吸入口对正,防止因吸入口不对而造成的故障或返工。如图3-7所示。

因该泵的两个叶轮是背靠背安装,因此在安装时一定要注意两叶轮的位置不得装反,否则会造成泵不吸液等故障。如图 3-8 所示。判断叶轮是否装反可从两个方面进行，一是在拧紧叶轮螺母时，观察其方向是否与叶轮的旋转方向相反，是则正确，否则不正确，重新调整安装，另一种方法是站在泵的前面，从吸入口开始，按照吸入方向画圆，至排出口，同时观察叶轮叶片的弯曲方向是否与此一致，若一致则正确，否则拆卸重装。

图 3-7　泵盖与泵壳上的吸入口位置

图 3-8　两级叶轮的安装

都组装完毕要对现场进行检查，看是否有漏装或错装的零部件，若有重新装配，若没有，则清理现场，回收工具、量具等。做到"工完料净场地清"。

3.4　任务四　悬臂式离心泵的拆装

了解单级离心泵的构造及工作原理，熟悉各部件的名称、作用，掌握单级单吸离心泵的拆装操作工艺。

通过对泵的拆装，使学生熟悉并了解单级离心泵结构、用途、工作性质。掌握各类工、量具的使用方法和拆装的操作工艺，各部件的名称、作用，并学会检修的工艺技能，培养学生的生产素质，建立掌握操作技能的概念，为今后参加本专业的工作打下良好的基础。

3.4.1　单级悬臂式离心泵结构

教具：IHH 单级化工用离心泵实物。

　　IHH 型化工泵是单级单吸悬臂式离心泵，是一种用以取代 F 型耐腐蚀泵更新换代的节能产品，用于石油、化工、合成纤维、电站、冶金、食品及医药等工业部门输送不含悬浮颗粒的腐蚀性或不允许污染的介质或物理、化学性能类似于水的介质。输送温度在 −20～105℃。

　　单级离心泵结构如图 3-9 所示。

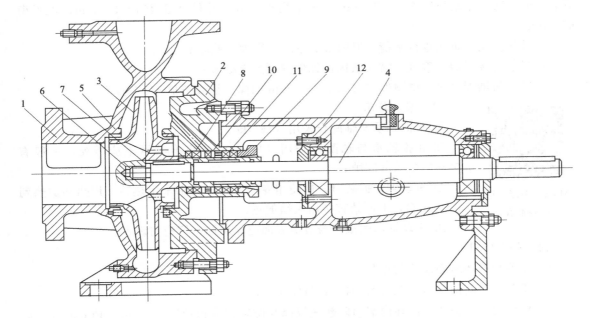

图 3-9　单级单吸离心泵

1—泵体；2—泵盖；3—叶轮；4—轴；5—密封环；6—叶轮螺母；7—止动垫圈；
8—轴套；9—填料压盖；10—填料环；11—填料；12—悬架轴承部件

3.4.2　离心泵检修质量标准

　　（1）主轴部分

　　① 轴颈的圆柱度不得大于轴径的 1/2000，最大不得超过 0.03mm。且表面不得有伤痕，粗糙度不低于 $Ra0.8\mu m$。

　　② 以两轴颈为基准，测联轴器和轴中段的径向跳动，其允许误差要求如下：直径 18～50mm 时，径向跳动允许误差 0.03mm；直径 50～120mm 时，径向跳动允许误差 0.04mm；直径 120～260mm 时，径向跳动允许误差 0.05mm。

　　③ 键与槽结合应紧密，不许加垫片，键与轴的键槽配合过盈量应符合要求（N9/h9）。

　　（2）转子部分

　　① 转子的跳动量不得超过如下要求：轴径≤50mm，轴套的径向跳动 0.04mm，叶轮口环的径向跳动 0.05mm；轴径 50～120mm，轴套的径向跳动 0.05mm，叶轮口环的径向跳动 0.06mm；轴径 121～260mm，轴套的径向跳动 0.06mm，叶轮口环的径向跳动 0.08mm。

　　② 轴套：

　　a. 轴套与轴不得采用同一种材料，以免咬死；

　　b. 轴套端面对轴心的垂直度不得大于 0.01mm；

c. 轴套与轴的接触面粗糙度均不低于 1.6μm，采用 D/d 配合（H7/h6）。

③ 叶轮：

a. 叶轮在轴上的配合一般采用 d/gd（H7/js6）配合；

b. 新装叶轮应找静平衡，找静平衡时在叶轮外径上允许的不平衡重在 3000r/min 工作时，叶轮不得大于如下规定：叶轮外径≤200mm，不平衡重＜3g；叶轮外径 201～300mm，不平衡重＜5g；叶轮外径 301～400mm，不平衡重＜8g；叶轮外径 401～500mm，不平衡重＜10g；

c. 叶轮应用去重法进行平衡，但削去的厚度不得大于壁厚的 1/3；

d. 叶轮应无砂眼、穿孔、裂纹或因冲蚀使壁厚严重减薄；

e. 叶轮与轴配合时，键顶部应有 0.1～0.4mm 间隙。视频扫描 M3-3 查看。

M3-3 单级单吸
叶轮简介

（3）滚动轴承

① 径向轴承与轴配合采用（H7/k6）。

② 止推轴承与轴配合采用（H7/js6），止推轴承不应压死，一般有 0.02～0.06mm 间隙。

③ 滚动轴承拆装时，应使用专用工具，要求采用热装，用热油加热到 100～120℃，但严禁直接用火焰加热；

④ 滚动轴承的滚子与滑道表面应无腐蚀，坑疤与斑点。

（4）轴向密封

① 压盖和静环座必须均匀把紧；

② 压盖和填料函止口的配合为 D4/d4（H7/h8）；

③ 机械密封压盖中，静环内端面防转槽根部与防转销应保持有 1～2mm 轴向间隙，以防止压不紧密封圈和别劲。

④ 动环安装：

a. 零件质量应严格符合技术标准；

b. 机械密封的弹簧旋向和轴的转动方向要一致，弹簧压缩量一定要符合规定要求，不要任意加大或减小压缩量。

（5）壳体部分

① 壳体密封环与叶轮的间隙要求如下：密封环直径＜100mm，壳体密封环和叶轮密封环标准间隙 0.60～0.80mm，更换间隙 1.30mm；密封环直径≥100mm，壳体密封环和叶轮密封环标准间隙 0.80～1.00mm，更换间隙 1.50mm；

② 环形压出室和耐磨衬板之间的配合采用 D4/d4（H8/h8）；

③ 托架止口和泵体的配合采用 D/d（H7/h7）。

（6）联轴器

① 联轴器与轴配合采用 D/gd（H7/js6）；

② 联轴器两端面间隙一般为 3～5mm；

③ 安装弹性圆柱联轴器时，其橡胶圈与柱销应为过盈配合并有一定压紧力，橡胶圈与联轴器的直径间隙应为 1～1.5mm；

④ 联轴器的找正符合如下规定：弹性圆柱销式联轴器径向跳动≤0.08mm，端面跳动≤0.06mm；弹性联轴器径向跳动≤0.10mm，端面跳动≤0.06mm；

⑤ 联轴器找正时，电动机下边的垫片每组不得超过四块。

3.4.3　单级悬臂式离心泵的拆卸

单级悬臂式离心泵的拆卸的过程如下（图 3-10～图 3-45）：

手机扫描二维码 M3-4，可以查看悬臂式离心泵装配。

M3-4　悬臂式离心泵装配

图 3-10　离心泵拆卸前的工具、量具准备

图 3-11　关闭泵进出口阀门，并排出泵及吸入管路内的介质

图 3-12　从泵体最低处丝堵排出介质

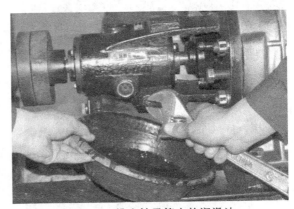

图 3-13　排出轴承箱内的润滑油

图 3-14　拆卸联轴器保护罩

图 3-15　拆卸电机地脚螺栓

图 3-16　移除电机

图 3-17　对称松开泵体与泵盖连接螺栓

图 3-18　对称留下的两个连接螺栓最后拆除

图 3-19　拆除泵轴组

图 3-20　泵轴组结构

图 3-21　拆卸叶轮螺母（注意旋向）

图 3-22　检查机械密封压缩量

图 3-23　拆除叶轮

图 3-24　泵体的结构形式

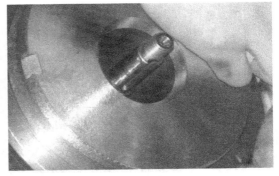

图 3-25　泵盖的结构形式

图 3-26　拆卸机械密封

图 3-27　机械密封压盖及静环

图 3-28　机械密封零件

图 3-29　拆卸甩油环

图 3-30　拆除叶轮与轴连接的键

图 3-31　注意对轴端螺纹的保护

图 3-32　拆卸叶轮侧挡油环顶丝

图 3-33　拆卸叶轮侧轴承压盖螺栓

图 3-34　拆除挡油环及轴承压盖

图 3-35　注意对轴端螺纹的保护

图 3-36　用拉力拆卸联轴器

图 3-37　拆卸联轴器的固定方法

图 3-38　联轴器已被拆下，注意保护

图 3-39　拆卸联轴器与轴连接的键

图 3-40 拆卸联轴器侧挡油环

图 3-41 拆卸联轴器侧轴承压盖

图 3-42 联轴器侧轴承压盖上拆卸用的顶丝

图 3-43 拆卸轴组

图 3-44 拆卸轴组，注意对其保护

图 3-45 已解体的泵零部件

（1）拆卸前的准备

① 安全准备：离心泵检修前做好安全检修动员，对进行检修过程设计安全预想，对检修现场进行环境风险识别，检修人员要按劳保着装，并根据检修作业性质配备特殊防护用具，做好应急预案。

② 人员准备：包括检修人员、相关配合工种人员、质量检查人员和安全人员要到位。

③ 技术资料准备：在拆装之前，必须备齐必要的图纸资料，阅读泵的说明书，了解泵的详细结构。掌握泵的运行情况、设备运行的基本情况及存在问题，分析可能故障原因等。

④ 工具量具准备：备齐检修工具、量具、起重机具、配件和材料。

⑤ 备件、材料准备：了解备品备件库存情况，核对备件基本尺寸与型号是否与待检修

设备相符，备件外观质量检查，所需材料准备齐全。

⑥ 票证准备：办理检修作业票，进行安全风险评价，落实好安全措施，达到安全检修条件。票证各项填写齐全，核对安全措施的落实情况，按规定履行确认签字手续。

（2）检修条件的确认

① 待检设备停工状态确认　逐项确认通过目测或手试检查泵的出入口阀是否关闭，排凝阀打开，目测压力表、真空表归零，是否有介质排出，生产部门确认有毒介质是否已置换完毕，阀门不严需加盲板。

② 设备本体温度的确认　设备本体温度应在80℃以下，可通过便携式测温枪检测。

③ 设备检修现场周围环境确认　做好拆卸前的准备工作。清理现场，确认有无交叉作业情况，护栏平台是否有孔洞需遮挡，平台护栏腐蚀情况，是否需要安全带，周围动火、动电情况，有毒有害易燃易爆高温介质情况，周围可能造成伤害的障碍物。

④ 设备断电确认　确认电源指示灯是否关闭。

（3）拆卸待检修离心泵

在落实以上项安全措施后，可对待检修的离心泵进行拆卸检修。

① 拆卸附属管线，检查清扫；排出轴承箱内的润滑油。

② 拆卸联轴器保护罩，检查联轴器对中；设定联轴器（重新装配用）的定位标记，拆卸联轴器；

③ 拆卸轴封压盖螺母/螺栓。

④ 拆卸电机：拧下电机与底座螺栓，将电机与泵联轴器脱离，移开电机。对于带加长联轴器的机泵，可不拆卸电机，直接拆卸加长联轴器，即可进行下一步工作。

⑤ 拆卸机座螺栓：机座螺栓位于离心泵的最下方，最易受酸、碱的腐蚀与氧化锈蚀。长期使用会使得机座螺栓难以拆卸。因而，在拆卸时，除选用合适的扳手外，还可用手锤对螺栓进行敲击振动，使锈蚀层松脱开裂，以便于机座螺栓的拆卸。

⑥ 泵盖和悬架轴承部件与泵体的拆卸：拆前在泵盖与泵体连接处应做好标记，拆下支架与底座的连接螺母，拆卸支脚，对称拆卸泵盖与泵体连接螺栓，对角留两个螺栓（预防没有排净的介质喷出），确认安全后，再将剩余的两个螺栓拆下。这时即可将轴组连同悬架轴承部件拆下，在拆卸时，泵盖与泵壳之间的密封垫，有时会出现黏结现象，可用顶盖螺丝将泵盖由泵体顶出，抽出转子。

注意：螺栓拆卸完毕后，将泵体用钢丝绳拴好，挂到导链上，稍微带劲。紧两侧的顶丝，将大盖缓慢顶出，同时调整倒链，将泵体吊出。

保存好泵盖与泵体之间的垫片。

也可用手锤敲击通心螺丝刀或扁铲，将泵盖与泵壳分离开来。

注意：螺栓拆卸完毕后，将泵体用钢丝绳拴好，挂到倒链上，用通心螺丝刀或扁铲撑开大盖子，用撬棍将大盖子撬开，同时调整倒链，将泵体吊出。只有在特殊情况下才能采取这个方法，但一定要做好安全保障措施。

⑦ 泵体的拆卸：对于前开式离心泵，由于管路与泵体与泵盖都有法兰连接，在检修时，松开泵体与进口管路和出口管路的连接螺栓；松开泵体与底座的连接螺栓，移开泵体；将泵盖与泵体的连接螺栓松开拆除，将泵盖拆下。

⑧ 叶轮的拆卸：用专用扳手卡住前端的轴头螺母（也叫叶轮背冒），沿离心泵叶轮的旋转方向拆除螺母，并用双手或拆卸器将叶轮从轴上拉出。也可用两个撬棍对称地用力，将叶

轮从轴上卸下；若叶轮锈于轴上而拉不动，可在键连接处刷上少许煤油（或松动剂），稍做等待，即可拉出叶轮；取下键，保存好；若叶轮锁母与叶轮之间，叶轮与轴套之间有垫片，取下保存好。

⑨ 泵盖与悬架轴承部件的拆卸：拆卸前泵盖与悬架轴承部件连接处先做标记，松开机封压盖（或填料压盖）与泵盖的连接螺栓，松开泵盖与悬架轴承部件的连接螺母，将泵盖与悬架轴承部件拆开，从泵盖中取出机械密封（或填料密封）和轴套。将拆下的零部件按次序摆放好，注意保存好各连接处的垫片，如有损坏更换。

泵盖在拆除进程中，应将其后端的填料压盖松开，拆出填料，以免拆下泵壳时，增加滑动阻力。

⑩ 泵端联轴器的拆卸：用专用工具拔轮器（拉马）把泵端联轴器从轴端慢慢地拉出。操作时拔轮器的丝杠一定要顶正泵轴中心，并使联轴器两侧受力均匀，不可用手锤猛敲，以免造成泵轴、轴承和联轴器损坏。

如果拆不下来，可以用棉纱蘸上煤油，沿着联轴器四周燃烧，使其均匀热膨胀，这样便会容易拆下。但为了防止轴与联轴器一起受热膨胀，应用湿布把泵轴包好。

从泵轴的键槽中取出键，保存好。可用通心螺丝刀或錾子将平键冲下来。

⑪ 泵轴的拆卸：松开挡水圈固定螺钉，取下挡水圈；拆卸轴承压盖螺栓，并把轴承压盖拆除（可配合启盖螺栓）。注意保存好垫片；叶轮端盖的轴头螺母拧紧在轴上，并用手锤敲击螺母，使轴向后端退出泵体，或用铜套筒套在轴上顶住轴肩或轴承内圈将泵轴从轴承箱内敲出。使轴连同轴承从电机端卸下；拆除轴承防松垫片的锁紧装置，用锁紧扳手（勾头扳手）拆卸滚动轴承的圆形螺母，并取下垫片。用拔轮器从轴上取下轴承；或用专用工具从轴承托架中取出轴承。

有时滚动轴承的内环与泵为过盈配合时，由于过盈量太大，出现难以拆卸的情况。这时，可以采用热拆法进行拆卸。

（4）拆装注意事项

① 正确使用工具，切不可将扳手当榔头使用。

② 拆卸配合较紧的零部件时，需用木块垫好后再用手锤轻轻敲打，禁止蛮干。要合理使用专用工具。

③ 拆下来的零件应当按次序放好，并做好标记，以免碰坏零件。整机的装配顺序基本与拆卸相反。注意各技术指标按照图纸或《设备维护检修规程》进行调整。

④ 对于螺栓、垫片等小零件要单独放好，避免丢失。对于贵重零件（如机械密封等）要用小盒单独存放。

⑤ 对机器配合面等质量要求较高的零件，拆卸时尤要注意，防止擦伤、损坏。

⑥ 拆卸轴承时应先回收润滑油，以防止造成浪费或污染现场。

⑦ 拆卸过程中要注意安全，细心保持场地清洁。

3.5 任务五 水平剖分（中开）式离心泵的拆装

3.5.1 中开式双支承离心泵结构

中开式离心泵主要有单级双吸离心泵和多级离心泵两种结构形式。我国这种泵目前有两种形式，即 sh 型和 s 型两种。此两种泵主要区别在于压水室的形式不同。s 型泵的压水室采用矩形结构，故使结构简化，铸造方便；由于表面铸造质量提高，一般效率还有提高，故目前有 s 型泵取代 sh 型泵的趋势。

（1）中开式多级离心泵

中开式多级离心泵的泵壳一般都是螺旋线形的蜗壳，泵壳在通过主轴中心线的平面上分开，每个叶轮都有相应的蜗壳，相当于将几个单级蜗壳泵装在同一根轴上串联工作，所以又称为蜗壳式多级泵。由于泵体是水平中开式，吸入口和排出口都直接铸在泵体上，检修时很方便，只要把泵盖取下即可取出整个转子，不需拆卸连接管路。叶轮通常为偶数对称布置，能平衡轴向力，所以不需设置平衡盘。缺点是体积大、铸造加工技术要求较高。中开式多级离心泵的流量范围为 450～1500m³/h，扬程范围为 10～110m。

（2）中开式单级离心泵

单级双吸离心泵按泵轴的安装位置的不同分为卧式和立式两种。立式单级双吸离心泵是卧式泵的一种变种。泵轴立式安装，除上下两轴承体内装有向心球轴承外，上端轴承体内还装有止推球轴承，以承受泵的轴向推力及转动部分的重量。立式泵可使泵房平面面积减小，布置紧凑；但安装维护不如卧式方便。图 3-46 为双吸离心泵剖面结构图。

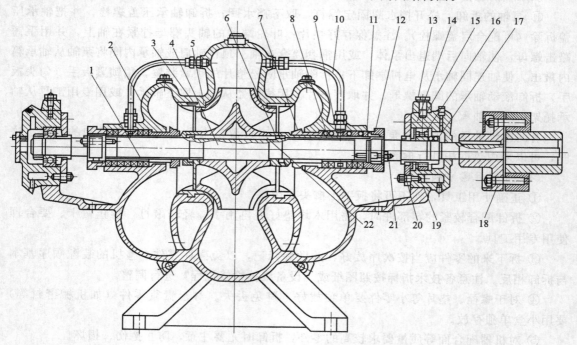

图 3-46　双吸离心泵结构

1—泵体；2—泵盖；3—叶轮；4—泵轴；5—双吸密封环；6—轴套；7—填料套；8—填料；9—填料环；10—水封管；11—填料压盖；12—轴套螺母（右）；13—固定螺栓；14—轴承架；15—轴承体；16—轴承；17—圆螺母；18—联轴器；19—轴承挡套；20—轴承盖；21—双头螺栓；22—键

双吸离心泵实际上相当于两个单级叶轮背靠背地装在同一根轴上并联工作，所以流量比较大。由于叶轮采用双吸式叶轮，叶轮两侧轴向力相互抵消，所以不必专门设置轴向力平衡装置。现在以水平剖分式单级双吸离心泵为载体进行说明双支承双吸离心泵维护与检修。

如图 3-46 所示，单级双吸离心泵的吸入口与排出口均在泵轴心线的下方，与轴线垂直成水平方向。检修时无需拆卸进出口水管及电机。从传动方向看去，水泵为顺时针方向旋转（根据用户需要亦可改为逆时方向旋转）。泵主要零件有：叶轮、泵体、泵盖、轴、双吸密封环、轴套等。泵体与泵盖构成叶轮的工作腔。在进出口法兰上，开设有安装真空表和压力表的管螺孔。在泵盖的上部吸入蜗室和排出蜗室最高点，制有罐泵时排气的管螺孔。在泵体的下部吸入蜗室和排出蜗室最低点，制有放水的管螺孔。叶轮经静平衡校验后，用轴套和两边的轴套螺母固定在轴上，其轴向位置可通过轴套螺母进行调整。泵轴由安装在泵体两端的两个单列向心球轴承支承。因此也称为双支承结构，轴承装在轴承体内用黄油润滑。双吸密封环用以减少泵内介质从压力室漏回吸水室。密封环保护泵壳免于磨损，本身为易损零件，磨损后可以备件更换。泵通过弹性联轴器由电动机直接传动。轴封可采用填料密封，为了冷却润滑密封腔和防止空气漏入泵内，在填料之间可设液封环，泵工作时小量高压介质通过液封管流入填料腔起液封作用。亦可用机械密封结构。手机扫描二维码 M3-5可以查看双吸式离心泵结构简介。

M3-5 双吸式离心泵结构简介

3.5.2 中开式单级双吸离心泵的结构

（1）单级双吸式离心泵的拆卸

图 3-47～图 3-55 为双吸离心泵整体结构。中开式单级双吸离心泵拆卸步骤是：拆除联轴器护罩→拆除连接螺钉→拆卸控制油管、水封管→拆卸泵体与泵盖连接螺栓（包括填料压盖螺栓）→吊离泵盖→拆卸泵体两端轴座螺钉→拆卸泵体口环→叶轮与轴等转子组吊离机座→拆泵轴上联轴器→拆键→拆卸卡环→拆卸轴承体→拆卸挡水圈→拆卸定位套筒→拆卸密封压盖→拆卸机械（填料）密封→拆卸机械（填料）密封轴套→拆卸定位环→拆卸卡环→拆叶轮→拆卸卡环→拆卸键。

水平剖分式（中开）离心泵的具体拆卸顺序如下：

① 拆除联轴器护罩，在联轴器上做好标记，并测量其轴向间隙和同心度数值，后拆卸联轴器；

② 拆卸控制油管、水封管冷却水管等附属管线；

③ 松开填料密封压盖螺栓或机械密封的静环部分；

④ 对油润滑轴承，放出轴承箱内的润滑油；

⑤ 拆卸下泵体与泵盖连接螺栓，起吊并拆卸泵体上盖；

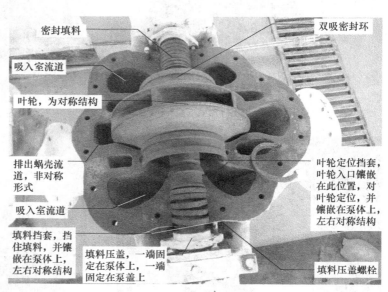

图 3-47 泵体结构形式

⑥ 拆卸前后轴承箱连接螺栓；

⑦ 拆卸泵体叶轮两侧双吸密封环；

⑧ 起吊叶轮与轴等转子组，并将其放在专用支架上；

⑨ 拆开轴承箱两端端盖，取出油圈；

⑩ 用专用工具拆下轴承箱；

⑪ 用钩扳手拆卸固定轴承的圆螺母，用专用工具取下轴承；

⑫ 拆下机械（填料）密封；

⑬ 检查转子组的各部位磨损、弯曲、晃动度等，并做好记录；

⑭ 拆下轴套、定位套等，拆下叶轮。

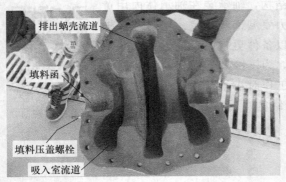
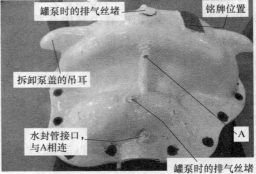

图 3-48　泵盖的结构形式（反、正两面）

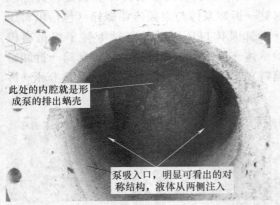

图 3-49　吸入口形式

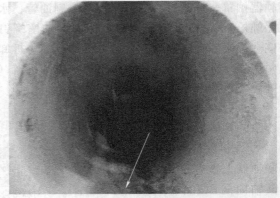

图 3-50　排出口的形式

图 3-51　填料挡套及填料的形状

图 3-52　叶轮入口与定位套连接的形式
及定位套的定位形式

图 3-53 泵体外形,可放大

图 3-54 轴承箱、填料压盖、填料等

（2）单级双吸式离心泵的装配

双吸离心泵的装配顺序与拆卸顺序相反。

中开式单级双吸离心泵装配步骤是：泵轴→键→叶轮→卡环→定位环→密封环→机械（填料）密封轴套→机械（填料）密封→密封压盖→挡水圈→轴承套筒→轴承体→叶轮与轴等转子组吊入机座→两端轴承座→泵盖→联轴器→联轴器护罩→控制油管等附属工艺管线。

水平剖分式（中开）离心泵的具体装配过程如下：

图 3-55 正上面观察

① 装配叶轮与轴等转子部件：依次将叶轮、轴套、轴套螺母、填料套、填料环、填料压盖、挡水圈、轴承部件装在泵轴上，并套上双吸密封环，然后装上联轴器；

② 分别检查转子部件上叶轮的密封部位外圆，轴套外圆径向跳动应不超过表 3-1 的规定。

表 3-1 轴套外径的跳动量

名义直径	≤50	>50~120	>120~250	>250~500	>500~800	>800~1250
跳动量	0.03	0.04	0.05	0.06	0.08	0.10

③ 将转子部件装在泵体上，调整叶轮的轴向位置到两侧双吸密封环的中间加以固定，将轴承体压盖由固定螺钉紧固。

④ 装上填料、放好中开面纸垫，盖上泵盖，拧紧螺尾锥销后，拧紧泵盖螺母，最后装上填料压盖。但不要将填料压得太紧，填料过紧会使轴套发热，同时耗用功率大；也不要压得太松，填料过松液体渗漏大，水泵效率降低，所以应在运行时予以调节。

装配完成后，用手转动泵轴，没有擦碰现象，转动比较轻滑均匀即可。

（3）安装调试

① 检查水泵和电动机应无损坏。

② 水泵的安装首先要满足装置汽蚀余量 NPSHa 大于泵的必须汽蚀余量 NPSHr，使泵在运行时不发生汽蚀。基础尺寸应符合泵机组的安装尺寸。

③ 安装顺序：

a. 将水泵放在埋有地脚螺栓的混凝土基础上，用调整其间的楔形垫块的方法校正水平，并适当拧紧地脚螺栓，以防走动；

b. 在基础与泵底脚之间灌注混凝土；

c. 待混凝土干固后，拧紧地脚螺栓，并重新检查水泵的水平度；

d. 校正电动机轴与水泵轴的同心度，使两轴成一直线，在两联轴器外圆上的不同心度允差为 0.1mm，端面间隙沿圆周的不均匀允差为 0.3mm（在连接进出水管路及试运行后再分别校核一遍，仍应符合上述要求）；

e. 在检查电动机转向与水泵转向相一致后，装上联轴器的连接柱销。

④ 进出水管路应另设支撑，不得借泵本体支撑；

⑤ 水泵与管路之间的结合面应保证良好的气密性，尤其是进水管路必须保证严格的不漏气，并且在装置上无窝存空气的可能；

⑥ 如水泵安装在进水水位以上时，为了灌泵启动，一般可装底阀，也可采用真空引水方法；

⑦ 水泵与出水管路之间一般需装闸阀和止回阀（扬程小于 20m 的可不用）。止回阀装在闸阀后面。

以上所述的安装方法是指不带公共底座的水泵机组。

对配带公共底座的泵机组的安装，只要调整底座与混凝土基础之间的楔形垫铁来校正泵机组的水平，然后于其间灌注混凝土。其安装原则与要求和不配带公共底座的泵机组安装相同。

3.6　任务六　分段式多级离心泵的维护与检修

分段式多级离心泵是一种垂直剖分多级泵，它由一个进水（前）段、一个出水（后）段和若干个中段组成，并用螺栓连接为一体，泵轴的两端用轴承支撑，泵轴中间装有若干个叶轮，叶轮与叶轮之间用轴套定位，每个叶轮的外缘都装有与其相对应的导轮，在中段隔板内孔中装有壳体密封环。叶轮一般是单吸的，吸入口都朝向一边，按单吸叶轮入口方向将叶轮依次串联在轴上。为了平衡轴向力，在末级叶轮后面装有平衡盘，并用平衡管与吸入口法兰相连通。其转子在工作时可以前后窜动，靠平衡盘自动将转子维持在平衡位置上。轴封装置对称布置在泵的进水（前）段和出水（后）段轴伸出部分，其中进水（前）段轴封主要是防止外部气体漏入泵内产生气缚，出水（后）段主要防止介质漏出泵外。如图 3-56 所示。

3.6.1　分段式离心泵的拆卸

（1）拆卸前的准备工作

① 查阅有关技术资料，了解前次检修记录，了解泵的运转情况，并备齐必要的图纸和资料。

② 备齐检修工具、量具、起重机具、配件及材料。

③ 切断电源，机泵与外界能量已隔离，放净泵内介质，确认已经具备设备安全拆卸的条件。

④ 识别风险，落实削减措施，办理施工作业票。

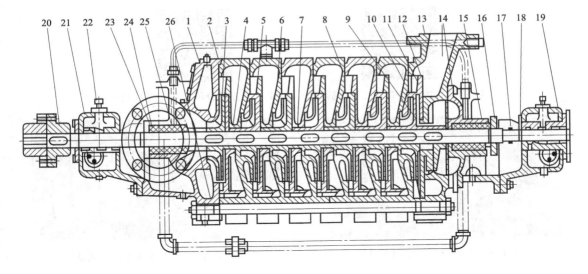

图 3-56 分段式多级离心泵工作原理和结构图

1—进水段；2—中段；3—叶轮；4—轴；5—导轮；6—密封环；7—叶轮挡套；8—导叶套；9—平衡盘；10—平衡套；
11—平衡环；12—出水段导轮；13—出水段；14—后盖；15—轴套乙；16—轴套锁紧螺母；17—挡水圈；
18—平衡盘指针；19—轴承乙部件；20—联轴器；21—轴承甲部件；22—油环；23—轴套甲；
24—填料压盖；25—填料环；26—泵体拉紧螺栓（杆）

（2）离心泵的拆卸

① 在联轴器上做好标记，并测量其轴向间隙和同心度数值，拆下联轴器；

② 将泵体附属的冷却水管、封油管、平衡管等管线全部拆下；

③ 拆下轴承压盖、轴套螺母及轴承托架（轴承体）与进水段螺栓，拆下轴承托架；

④ 拆下填料压盖，取出填料水封环，并用专用工具拆卸轴套；

⑤ 同理拆去后半部分的轴承托架、填料压盖、填料、轴套；

⑥ 拆去尾盖，并用专用工具拆下平衡盘；

⑦ 按顺序给拉紧螺柱编号，并测量每根螺柱的伸出长度及总伸出长度；

⑧ 对称松开拉紧螺柱螺母，在对称180°位置留下两根螺柱，抽去其他拉紧螺柱；

⑨ 拆下泵进水段、叶轮螺母、进水段叶轮；

⑩ 解体泵的中段；

⑪ 拆下泵出水段、出水段导轮、叶轮。

拆卸时，零件应轻拿轻放，不能磕碰，不能摔伤，不能落地。

在拆卸时，应将拆下的各段外壳、叶轮、键等零件按顺序排好、编号，不能弄乱，在回装时一般按原顺序回装。有些组合件可不拆的尽量不拆。

拆卸完毕，应把轴承、轴、机械密封等用煤油清洗，检查有无损伤、磨损过量或变形，决定是否修理或更换。去掉各段之间垫片，除去锈迹。

不得松动电动机地脚螺栓，以免影响安装时泵的找正。图 3-57～图 3-66 是五级分段式多级泵简化的拆卸过程。手机扫描二维码 M3-6、M3-7 可以分别查看五级分段式离心泵的拆卸、组装。

M3-6　五级分段式离心泵的拆卸　　M3-7　五级分段式离心泵的组装

图 3-57　五级分段式多级泵外形　　　　图 3-58　拆卸两端轴头支架（轴承箱）

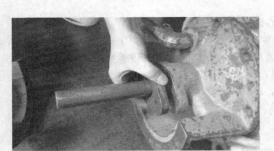 

图 3-59　拆卸两端填料压盖　　　　　　图 3-60　拆卸尾盖

图 3-61　拆卸末端密封轴套　　　　　　图 3-62　拆卸拉紧螺柱

图 3-63　拆卸前端密封轴套　　　　　　图 3-64　拆卸进水段泵体

图 3-65 中段泵体

图 3-66 五级分段式多级离心泵零部件

3.6.2 分段式多级离心泵的组装

（1）组装顺序及技术

分段式多级离心泵拆卸完毕，经清洗、除锈、检查、测量，更换或修复不合格的零部件，排除泵的故障之后，就要将其回装，恢复其工作结构。在回装时，要严格按照组装顺序和组装技术要求进行，精确地控制各零部件的相对位置和相对间隙，避免零件磕碰，杜绝违章操作。

在组装时要先对转子部件进行小装，对小装后的转子进行检查，以消除超差因素，避免因超差积累而到总装时超差。合格后，将各个零件的方位做好标记，最后进行组装及调整。具体过程如下：

① 阅读资料，阅读装配图，并在回装过程中随时查阅；

② 转子部件的小装；

③ 吸入端泵座、泵轴、第一级叶轮的组装；

④ 安装第一级导轮；

⑤ 用相同的办法安装中段、尾段及相应的叶轮；

⑥ 穿上长杆螺栓，预紧，将泵放置水平；

⑦ 安装平衡盘；

⑧ 安装两端的轴承座、轴承，安装轴封；

⑨ 安装电动机与泵之间的联轴器，找正。

（2）组装中的注意事项

组装时，所有螺栓、螺母的螺纹都要涂抹一层铅粉油。组装最后一级叶轮后，要测量其轮毂与平衡盘轮毂两端面间的轴向距离，根据此轴向距离决定其间挡套的轴向尺寸。挡套与叶轮轮毂、挡套与平衡盘轮毂之间的轴向间隙之和为 0.3～0.5mm。因为泵在开车初期，叶轮等轴上零件先受较高温度的介质的影响，而轴受热影响在其后，它们的膨胀有时间之差。留有 0.3～0.5mm 的轴向间隙，是为防止叶轮、平衡盘等先膨胀而互相顶死，以致造成对泵轴较大的拉伸应力。

3.7 任务七 离心泵的运行和维护

为了保证生产过程的正常连续进行，必须保持泵的正确操作，安全运行，加强对泵机组的监视、维护、保养和检修。要确保做好这些工作，要认真负责，严格按照操作规程办事。现就一般常规（以水泵为主）的操作规程和维护知识分述如下。

3.7.1　离心泵的启动

离心泵启动前必须充分做好各项准备工作，以免启动后吸不上水或发生损坏机件的事故。

（1）启动前的检查

为了保证安全运行，在泵启动前，应对整个机组做全面仔细的检查，以便发现问题，及时处理。检查内容有：

① 检查泵的各处螺栓是否松动。如泵和原动机底脚螺栓，联轴器螺栓和管路连接法兰螺栓等有松动、脱落等现象应予拧紧和补齐。

② 检查泵轴承中的润滑油是否充足、干净或变质等。如发现油内含有杂质、砂粒或铁屑等，应予更换，以免磨损轴承。同时还要检查油量是否符合规定要求。

③ 检查泵填料松紧是否适宜。用手盘动联轴器或皮带轮查看泵轴转动是否灵活轻便，并且不应有金属摩擦的声音。如填料已发硬，可取出浸在机油或热黄油内，使填料变软后再逐圈装入；如填料已干枯变质失效，必须更换新填料。

④ 检查排液管上的闸门阀开闭是否灵活。

⑤ 清除妨碍工作的杂物。机组上的工具及其他物件应移开。对水泵要检查进水池内是否有漂浮物，吸水管口有无杂物阻塞等。

⑥ 检查泵的转动方向是否正确。因为一般离心泵的叶片都是后弯式的，如叶轮倒转，泵就无法正常工作。如属初次起用或重新安装的泵，应检查旋转方向，检查方法可以合上闸刀开关，然后又迅速拉开，看泵轴的旋转方向是否与蜗壳由小变大的方向一致，如为一致，则旋转方向是正确的。如不一致，说明旋转方向反了，应对三相电动机进行调相。

（2）预灌

离心泵无自吸能力，在启动离心泵时，如泵中没有液体，则由于泵内仅有密度很小的空气，叶轮的转动不能在吸液口处形成足够的吸力，因而不能将液体吸上。因此，在离心泵开动之前一定要进行预灌，使泵内全部充满液体后再行启动。如吸液池面比泵吸入口高，则进行预灌是极为方便的。但如池面比泵的位置低，则为了防止预灌液的外流，必须在泵的吸液管端装一带过滤网的底阀。

对于小型水泵多采用人工灌水法，从泵壳上专用灌水孔或从出水管口向泵内灌水，对大、中型水泵常由泵排水管处的蓄水池向泵内充水。有时亦采用真空泵抽气充水，即用真空泵把泵内的吸水管中的空气抽出，使吸水池的水进入泵内，然后进行启动。

（3）启动

① 检查管路和设备情况，关闭排出管上的阀门。

② 灌泵，用水（或其他被输送的液体）注满泵内，以排出泵内的空气。通常小型的离心泵直接把水（或其他液体）从泵体上的漏斗注入；大型的离心泵则需要开动附设的真空泵，把泵内的空气抽除，造成负压，液体便由进口的单向阀门进入泵内。

③ 对电动机和泵盘车，判断是否转动自如。

④ 按下启动按钮，启动泵，观察压力表和真空表指针变化情况。

⑤ 当电动机达到正常转速后，慢慢打开排出阀门，观察流量和压力表的参数变化。

⑥ 根据参数变化进行现场调整。

⑦ 控制整个启动时间在 2～4min 内。

⑧ 在启动运行中可能出现的问题及其消除方法。在启动运行过程中，要随时注意轴承温度及进口真空度和出口压力的变化情况。运行中可能出现的故障及其消除方法如下：

a. 轴承温度过高　这可能是由轴承间隙不合适、研配不好或润滑不良等所引起的，应针对产生故障的原因予以消除。

b. 进口真空度下降　这可能是由于经过管路法兰及轴封等连接不严密处吸入了空气。在确切地检查出不严密的连接处后，可用拧紧螺栓的方法来消除，或者将垫圈换新。

c. 出口压力下降　这可能是由于叶轮与密封环之间的径向间隙增加。必要时可以拆开泵体进行检查，一般可以用更换密封环的方法来进行修理。

在运行时，若轴承温度、进口真空度和出口压力都符合要求，且泵在运转时振动很小，则可认为整个泵的安装质量符合要求。

（4）停车

离心泵要停车时，应先关闭压力表、真空表阀，再关闭排出阀，使泵轻载，同时防止液体倒灌。然后停转电动机，关闭吸入阀、冷却水、机械密封冲洗水等。

① 离心泵装置在停车后，仍然要做好清洁工作。

② 在寒冷季节，尤其在室外的泵，在停车后应立即放去泵内的液体，以防结冰冻裂泵体。

③ 热态工作的备用泵，尤其是多级离心泵，每班要盘车一次（半转），以免泵轴长期定向自重产生残余变形。

一般的备用泵，也应定期启动一次。

④ 泵要定期检修，检查并更换不合格的易损零件，清洗管路，尤其是底阀、过滤器等。

⑤ 长期备用的泵，应将泵拆开，擦去水渍、铁锈，在加工面和螺栓上涂上油，再装起来，做好妥善的保管工作。

3.7.2　离心泵常见故障及其处理方法

（1）离心式泵维护

① 离心泵不得采用关小进口阀的办法控制流量；

② 经常检查出口压力变动和泵体振动情况；

③ 严格执行《化工厂设备润滑管理制度》各项规定；

④ 保持封油压力比泵出口压力高 $0.5～1.5kgf/cm^2$；

⑤ 检查泵运转无杂音，发现有异常状态时应及时处理；

⑥ 经常检查备用泵状态，每班手动盘车（180°）一次；

⑦ 发现不符合本规程规定时应立即处理；

（2）离心泵常见故障及其处理方法（表3-2）

表 3-2　离心泵常见故障及其处理方法

故障现象	故障原因	解决办法
泵不出水	①泵没有注满液体 ②吸水高度过大 ③吸水管有空气或漏气 ④被输送液体温度过高 ⑤吸入阀堵塞 ⑥转向错误	①停泵注水 ②降低吸水高度 ③排气或消除漏气 ④降低液体温度 ⑤排除杂物 ⑥改变转向

故障现象	故障原因	解决办法
流量不足	①吸入阀或叶轮被堵塞 ②吸入高度过大 ③吸入管弯头过多,阻力过大 ④泵体或吸入管漏气 ⑤填料处漏气 ⑥密封圈磨损过大 ⑦叶轮腐蚀、磨损	①检查水泵,清除杂物 ②降低吸入高度 ③拆除不必要弯头 ④紧固 ⑤紧固或更换填料 ⑥更换密封环 ⑦更换叶轮
输出压力不足	①介质中有气体 ②叶轮腐蚀或严重破坏	①排出气体 ②更换叶轮
消耗功率过大	①填料压盖太紧、填料函发热 ②联轴器皮圈过紧 ③转动部分轴窜动量过大 ④中心线偏移 ⑤零件卡住	①调节填料压盖的松紧度 ②更换胶皮圈 ③调整轴窜动量 ④找正轴心线 ⑤检查、处理
轴承过热	①中心线偏移 ②缺油或油不净 ③油环转动不灵活 ④轴承损坏	①校正轴心线 ②清洗轴承、加油或换油 ③检查处理 ④更换轴承
密封处漏损过大	①填料或密封元件材质选用不对 ②轴或轴套磨损 ③轴弯曲 ④中心线偏移 ⑤转子不平衡、振动过大 ⑥动、静环腐蚀变形 ⑦密封面被划伤 ⑧弹簧压力不足 ⑨冷却水不足或堵塞	①验证填料腐蚀性能,更换填料材质 ②检查、修理或更换 ③校正或更换 ④找正 ⑤测定转子平衡 ⑥更换密封环 ⑦研磨密封面 ⑧调整或更换 ⑨清洗冷却水管路,加大冷却水量
泵体过热	①泵内无介质 ②出口阀未打开 ③泵容量大,实用量小	①检查处理 ②打开出口阀门 ③更换泵
振动或发出杂音	①中心线偏移 ②吸水部分有空气渗入 ③管路固定不对 ④轴承间隙过大 ⑤轴弯曲 ⑥叶轮内有异物 ⑦叶轮腐蚀、磨损后转子不平衡 ⑧液体温度过高 ⑨叶轮歪斜 ⑩叶轮与泵体摩擦 ⑪地脚螺栓松动	①找正中心线 ②堵塞漏气孔 ③检查调整 ④调整或更换轴承 ⑤校直 ⑥清除异物 ⑦更换叶轮 ⑧降低液体温度 ⑨找正 ⑩调整 ⑪紧固螺栓

第 4 章

其他类型泵拆装实训

当要求输送压力高、流量小、黏度大的液体时，离心泵就不再适宜了，需要选用其他类型的泵，如往复泵、旋涡泵、转子泵等。

（1）实训目的

① 认识往复泵、旋涡泵、转子泵等其他类型泵的结构；

② 能对维修车间的往复泵、旋涡泵、转子泵等泵进行拆装，分析其结构、组成；

③ 能认识往复泵、旋涡泵、转子泵等泵的各主要零部件；

④ 能对简单的零部件进行测绘。

（2）实训设备

往复泵、齿轮泵、螺杆泵、旋涡泵和喷射器等。

（3）实训内容

本项目实训内容主要是对化工设备维修车间各种类型的泵进行拆装，以对不同形式的泵的结构进行认识、比较、分析，并学习其各种相对位置关系及工作原理。

4.1 任务一　认识往复泵

往复泵的特性和离心泵有较大差异。泵运行流量和扬程则由泵特性和管路特性共同决定。

往复泵是容积式泵的一种形式，通过活塞或柱塞在缸体内的往复运动来改变工作容积，进而使液体的能量增加。适用于输送流量较小、压力较高、黏度大及具有腐蚀性、易燃、易爆、剧毒的各种介质。当流量小于 $100\text{m}^3/\text{h}$，排出压力大于 100MPa 时，有较高的效率和良好的运行性能。包括活塞泵、柱塞泵、隔膜泵、计量泵等等。

往复泵的主要构件有泵缸、活塞（或柱塞）、活塞杆及若干个单向阀等，泵缸、活塞及阀门间的空间称为工作室。当活塞从左向右移动时，工作室容积增加而压力下降，吸入阀在内外压差的作用下打开，液体被吸入泵内，而排出阀则因内外压力的作用而紧紧关闭；当活塞从右向左移动时，工作室容积减小而压力增加，排出阀在内外压差的作用下打开，液体被排到泵外，而吸入阀则因内外压力的作用而紧紧关闭。如此周而复始，实现泵的吸液与排液。

活塞在泵内左右移动的端点叫"死点"，两"死点"间的距离为活塞从左向右运动的最大距离，称为冲程。在活塞往复运动的一个周期里，如果泵只吸液一次，排液一次，称为单动往复泵；如果各两次，称为双动往复泵；人们还设计了三联泵，三联泵的实质是三台单动泵的组合，只是排液周期相差了三分之一。

（1）往复泵与离心泵比较具有的特点

① 往复泵的扬程取决于管路特性，而与泵本身无关。

② 泵的流量与排出压力无关，仅与泵缸的尺寸、活塞的行程及曲柄的转速有关。

③ 往复泵具有自吸能力，无须灌泵。

④ 往复泵输送黏性液体时的效率高，用作计量泵时计量准确。

⑤ 往复泵的结构复杂，流量不均匀，体积大，成本高。

（2）往复泵的分类

往复泵的种类很多，一般可按工作机构、泵的工作方式、泵缸的数目、用途、驱动方式、泵缸的位置等分类。

① 按工作机构分：活塞式、柱塞式、隔膜式。

② 按泵的工作方式分：单作用泵、双作用泵、差动泵。

③ 按泵缸的数目分：单缸、双缸、多缸，缸数越多，泵的流量越均匀。但结构也越复杂。

④ 按用途分：酸泵、碱泵、油泵、计量泵、高压氨泵等。

⑤ 按驱动方式分：动力往复泵、直接作用泵、手动往复泵。

4.1.1 往复泵的流量

往复泵的瞬时流量是脉动（不均匀）的，但平均流量是均匀的，双动泵要比单动泵均匀，而三联泵又比双动泵均匀。工程上，有时通过设置空气室使流量更均匀。

往复泵的理论流量决定于活塞往复一次的全部体积，即只与活塞在单位时间内扫过的体积有关，因此往复泵的理论流量只与泵缸数量、泵缸的截面积、活塞的冲程、活塞的往复频率及每一周期内的吸排液次数等有关。所以，对于一定形式的往复泵，理论流量是恒定的。

在实际运行中，往复泵的实际流量比理论流量小，且随着压头的增高而减小，这是因为填料泄漏、阀门开启、关闭滞后等漏失。

在任何排出压力下，往复泵的流量基本上是不变的。

因往复泵工作时，周期性地排出液体，流量是不均匀的，泵在运行中容易产生冲击和振动。往复泵的流量脉动随柱塞或活塞的缸数而变化。

4.1.2 往复泵的压力

往复泵的压力与泵的几何尺寸及流量均无关系。只要泵的机械强度和原动机械的功率允许，系统需要多大的压头，往复泵就能提供多大的压力。

往复泵的实际运行压力和系统管路有关，即取决于管路系统的背压。往复泵在工作时，不允许将排出阀关死，在排出管路上安装安全阀。

4.1.3 工作特性

往复泵是利用活塞的往复运动，改变汽缸容积进行吸液和排液的。在活塞挤向缸头时，比较容易把空气挤出，所以可以保持较大真空度，容易吸入流体，不易产生抽空现象。

4.1.4 往复泵的应用场合

往复泵适用于高压力和小流量，容积泵的效率高于动力式泵，而且效率曲线的高效区较宽。往复泵的效率一般为 $70\%\sim85\%$，高的可达 90% 以上。

4.1.5 往复泵的性能与流量调节

同离心泵一样，往复泵的工作点也是由泵的特性曲线及管路的特性曲线决定的。但由于往复泵的正位移特性（所谓正位移特性，是指流量与管路无关，压头与流量无关的特性），工作点只能落在 Q ＝常数的垂直线上，因此，要改变往复泵的送液能力，只能采用更换缸套尺寸、旁路调节法、改变往复频率及冲程的方法。

① 旁路调节法。此法是通过增设旁路的方法来实现流量调节的。显然，通过旁路阀的调节，可以方便地实现泵的流量调节。不仅往复泵是如此调节的，其他容积式泵或正位移特性的泵都是通过此法调节的。不难发现，旁路调节的实质不是改变泵的送液能力，而是改变流量在主管路及旁路的分配。这种调节造成了功率的损耗，在经济上是不合理的，但生产中却常用。

② 调节活塞的冲程或往复频率　调节活塞的冲程或往复频率都能达到改变往复泵送液能力的目的。同上法相比，此法在能量利用上是合理的。特别是对于蒸汽式往复泵，可以通过调节蒸汽压力方便地实现。但经常性流量调节是不适宜的。

4.1.6　往复泵的使用与维护

以上分析可以看出，同离心泵相比较，往复泵的主要特点是流量固定而不均匀，但压头高、效率高等。因此，用来输送黏度大、温度高的液体，特别适应于小流量和高压头的液体输送任务。另外，由于原理的不同，离心泵没有自吸作用，但往复泵有自吸作用，因此不需要灌泵；由于都是靠压差来吸入液体的，因此安装高度也受到限制，其安装高度也可以通过类似于离心泵的方法确定。

4.1.7　往复泵的操作要点

① 检查压力表读数及润滑等情况是否正常；
② 盘车检查是否有异常；
③ 先打开放空阀、进口阀、出口阀及旁路阀等，再启动电机，关放空阀；
④ 通过调节旁路阀使流量符合任务要求；
⑤ 做好运行中的检查，确保压力、阀门、润滑、温度、声音等均处在正常状态，发现问题及时处理。严禁在超压、超转速及排空状态下运转。

另外，生产中还有两种特殊的往复泵，计量泵和隔膜泵。计量泵是一种可以通过调节冲程大小来精确输送一定量液体的往复泵；隔膜泵则是通过弹性薄膜将被输送液体与活塞（柱）隔开，使活塞与泵缸得到保护的一种往复泵，用于输送腐蚀性液体或含有悬浮物的液体；而隔膜式计量泵则用于定量输送剧毒、易燃、易爆或腐蚀性液体；比例泵则是用一台原动机械带动几个计量泵，将几种液体按比例输送的泵。

下面以化工设备维修车间内的几种往复泵为基础介绍其拆卸与装配过程。

4.1.8　蒸汽往复泵结构分析

（1）蒸汽往复泵的工作原理

蒸汽往复泵是一种以蒸汽为动力的直动往复泵，是往复泵中比较完善的类型。它与机动往复泵相比，没有曲柄连杆传动机构，其液缸活塞直接与汽缸活塞连接在一起，活塞的运动没有固定的规律。它的运动规律取决于每个瞬时作用在活塞上的蒸汽压力、液体压力和作用在活塞上的其他力的合力。蒸汽往复泵有单缸与双缸两类，它们在结构上的区别主要是在配汽机构上。

双缸蒸汽往复泵如图 4-1 所示。该泵为卧式双缸双作用蒸汽直接驱动。主要由汽缸、连接体、填料箱及油缸四部分组成，均用铸钢制成。汽缸活塞上装有铸铁活塞环。带槽形螺母固定在活塞杆上。汽缸活塞杆与油缸活塞杆分开制成，用螺纹连接器连接在一起。在连接体上为了配汽，设置了中心架。

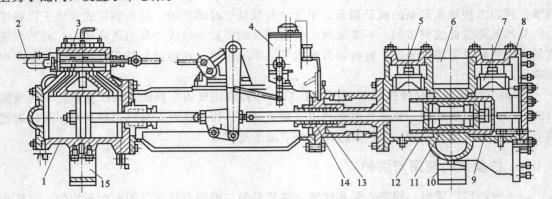

图 4-1 双缸蒸汽往复泵

1—汽缸体；2—进汽口；3—排汽口；4—注油器；5—弹簧；6—油缸；7—泵阀；8—阀盖；

9—缸套；10,15—支座；11—活塞环；12—活塞；13—填料；14—密封环

油缸内分别装有四组吸入阀和排出阀。

双缸配汽机构是依靠一个液缸的活塞杆带动另一个液缸的配气室配气阀来相互交叉进行的，配气室中有四道气孔，靠外侧两道分别为汽缸左右侧进入新鲜蒸汽的孔道。靠里面两道分别为汽缸左右侧排出乏汽的孔道。当一个液缸活塞走到终点时，通过摇臂将另一个液缸的配气阀拉杆向左推去，新蒸汽则由配汽室右侧通入，将活塞向左推去，使另一个液缸向左运动，以此类推，双缸活塞就可以连续地左右往复地运动。而且双缸的动作几乎相差半个行程，所以流量也较均匀。

同时，如图 4-2 所示，配汽阀杆不是紧紧地和滑阀相连的，而是靠"螺块"或者由两个调节螺母来带动的。因此当滑阀抵达死点后，不是立刻就开始进行反方向运动，而是当阀杆走了一段间隙等于 $2y$ 的路程后才开始的。间隙 y 有时称为"休歇"，这种"休歇"有时延续到 $0.1 \sim 0.3\text{s}$，以保证两个活塞能够真正相差半个行程。

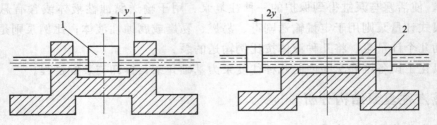

图 4-2 双缸配汽室

1—螺块；2—调节螺母

由于配汽阀室最外侧气体在缸内不能排尽，所以起到气垫作用，使活塞可以比较平稳地停下来。又因为有调节螺母 $2y$ 的间隙存在，活塞不是马上就反向运动，要经过 $2y$ 时间才开始反向运动，所以有利于吸排阀从容地关闭。

蒸汽活塞泵的流量可通过蒸汽压力与蒸汽量来控制行程数，以及通过调整配汽机构中的游隙止动螺母来控制行程长短。两者都可以调节流量大小。

往复泵的压力，铭牌所指只是说明由于强度、密封等所允许的最高压力。操作时具体的压力则取决于工艺装置所需的背压。

（2）蒸汽往复泵的结构

图4-3为化工设备维修车间内的蒸汽往复泵。

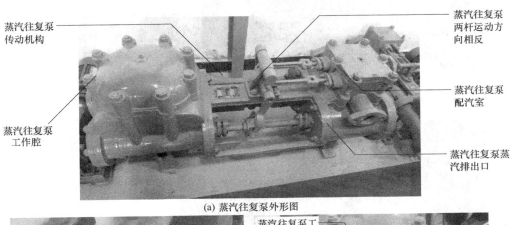

蒸汽往复泵传动机构

蒸汽往复泵工作腔

蒸汽往复泵两杆运动方向相反

蒸汽往复泵配汽室

蒸汽往复泵蒸汽排出口

(a) 蒸汽往复泵外形图

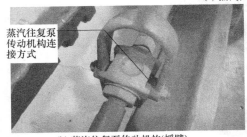

蒸汽往复泵传动机构连接方式

(b) 蒸汽往复泵传动机构(摇臂)

蒸汽往复泵工作端排液口

蒸汽往复泵工作液缸，两个，结构相同

蒸汽往复泵工作端吸液口

(c) 蒸汽往复泵的工作端

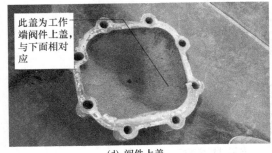

此盖为工作端阀件上盖，与下面相对应

(d) 阀件上盖

这四个为排液阀，结构相同，与其下面的四个吸液阀结构也相同

拆卸螺母后，可拆卸阀板，看到吸液阀

此处为排液口中，与外面排液口相通

(e) 排液阀

吸液阀

(f) 吸液阀(框1所指位置是液体在液缸上开设的液体进出的通道)

图4-3

工作液缸内的柱塞，由螺母与活塞杆连接在一起

工作液缸内部结构，两缸结构对称

工作液缸在此位置开有流体通道，由阀板隔开，实现液体的进出，两缸结构相同，且左右对称

吸液口内部结构，直通内部，与两缸上的吸液口连通

液缸盖安装的位置示意

(g) 工作液缸内部结构　　　　　(h) 液缸盖

弹簧

阀片

排液阀阀座，阀座结构形式是阶梯形，以防掉落（参考L形压缩机），吸气阀阀座结构与阀板用螺纹连接

连接螺栓，此处螺纹处与阀座中间的螺纹相对应

(i) 排液阀布置　　　　　(j) 排液阀，结构

阀板的上面结构

阀板的下面结构

(k) 阀板

配汽室填料密封

配汽室拉杆

配汽室滑块，与拉杆通过螺纹连接

配汽室滑阀

(l) 配汽室结构，两套呈对称形式　　　　　(m) 滑块结构

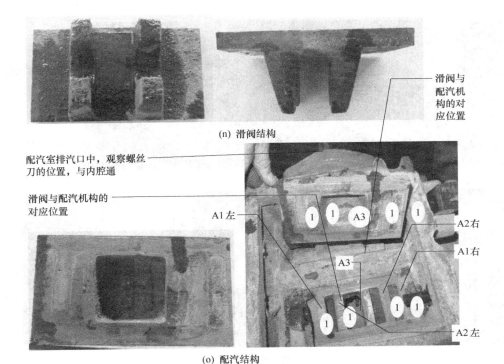

(n) 滑阀结构

滑阀与配汽机构的对应位置

配汽室排汽口中，观察螺丝刀的位置，与内腔通

滑阀与配汽机构的对应位置

A1左　A3　　　A2右
A1右
A3
A2左

(o) 配汽结构

（当图中的①互相对应时，这时汽缸不吸汽与不排汽，是压缩机过程，图中的 A1、A2，分别对应吸汽通道和排汽通道，A3 为排汽腔结构。当由传动机构带动滑阀向左移动时，A2 左和 A3 相连通，汽缸左侧排汽，而此时右侧的 A1 右的通道也露出，开始吸汽。反之亦然。两汽缸结构相同，工作原理一致）

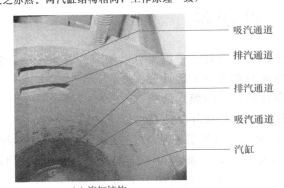

吸汽通道
排汽通道
排汽通道
吸汽通道
汽缸

(p) 汽缸结构

此处为盲板法兰

此处为蒸汽出口

(q) 配汽室盖的两面结构

图 4-3

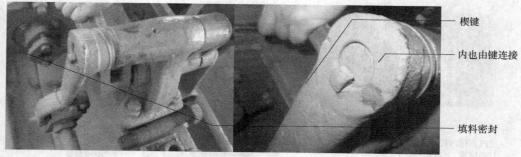

楔键

内也由键连接

填料密封

(r) 传动机构(一)

(s) 传动机构(二)

图 4-3　蒸汽往复泵结构

4.2　任务二　计量泵

计量泵是以其作用命名的，它是一种流量可以调节的容积式泵，多数为往复式。它主要用于停车或不停车的无级流量调节和正确计量。

往复式计量泵主要有柱塞式和隔膜式两类。

计量泵除具有一般往复泵的特性外，还具有以下特点：

① 泵在运转过程中，流量可以按需要从 0%～100% 的范围内进行无级调节。

② 对所输送的液体能够计量，且能满足一定的计量精度要求（标准规定：在最大行程处，额定压力下为±1%）。

③ 流量大小可实现自动调节，可应用于连续或半连续工艺流程系统的自动控制。

4.2.1　柱塞式计量泵

（1）柱塞式计量泵的结构

柱塞式计量泵是一种流量可以无级调节和正确计量的柱塞式往复泵，它由泵缸、传动机构和柱塞行程调节机构组成，见图 4-4。

柱塞式计量泵的泵缸一般为单作用柱塞式往复泵，如图 4-5 所示。柱塞由传动机构带动在泵缸内作往复运动，

图 4-4　柱塞式计量泵

柱塞密封装置采用密封环填料密封，进出口阀采用双球型阀。为保证计量精度，泵阀和柱塞密封装置比一般往复泵的要求高。传动机构一般采用电动机驱动，用蜗轮副或齿轮减速装置减速，其他传动件往往不是一个单独的部件，大多和调节机构相配合。调节机构是调节柱塞行程，从而达到调节流量的目的。

（2）柱塞式计量泵拆装实例

① 拆修前的准备工作。清理被拆泵的周围场地，应有足够的操作空间和堆放拆卸零件的地方；准备好油布或类似的垫子，用于放置拆卸零件；准备好清洗零件油污的洗涤剂或汽油；对于重要件和易损件应准备必要的检测工具和替换备件；拆检前必须首先关闭液缸进出口管路上的阀门，并将管道的余压卸除，液缸腔的余液排出。

② 柱塞泵拆卸顺序。泵组成的三部分：液缸、传动箱、电机（底板）。大概的拆卸顺序为：关闭进出口管路阀门→拆卸管路→拆卸液缸部件→拆卸传动箱部件。具体步骤如下：

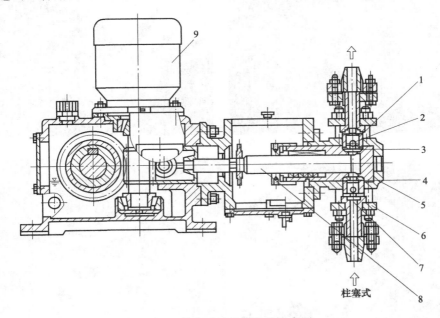

图 4-5　柱塞式计量泵结构示意图

1—阀套；2—阀球；3—出口阀；4—套；5—缸体；6—填料；7—进口阀；8—柱塞；9—电动机

先将柱塞从十字头上旋出，在拆下吸排管法兰螺栓及泵托架与液缸连接的螺母后，将液缸部件全部从传动箱体上拆下来，然后按以下顺序全部拆出泵缸体内各零件。

a. 从填料箱中拉出柱塞，旋下填料螺母，拆下填料压盖，取出密封填料和柱塞衬套。

b. 拆下吸排管压板，依次取出阀套、限位片、阀座、阀球或阀及弹簧。

③ 以船用电动柱塞泵为例简要说明柱塞泵的拆卸顺序，如图4-6所示。

4.2.2　隔膜式计量泵

（1）隔膜式计量泵的结构特点

隔膜式计量泵亦称隔膜泵，是容积泵中较特殊的一种形式。它依靠隔膜片的来回鼓动而吸入和排出液体。隔膜借助柱塞给予油路的压力脉动而作来回鼓动的称液体作用式；如隔膜是用与其中心相连的推杆机构来驱动的称机械作用式，应用最广泛的是液压传动。隔膜用耐

(a) 船用电动柱塞泵

(b) 拆卸偏心轮挡板

(c) 拆传动装置(有定位销)

(d) 拆柱塞

(e) 拆卸进出口组件

(f) 进出口阀体

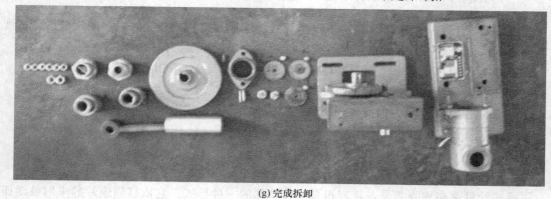

(g) 完成拆卸

图 4-6　船用电动柱塞泵拆卸顺序

磨、耐腐蚀的弹性材料制成，有平板隔膜、波纹管隔膜和管式隔膜等形式，其中平板隔膜应用最广。图4-7为液压传动隔膜泵的结构，液压传动隔膜泵通过一套曲轴连杆机构带动活塞作往复运动，活塞的运动又通过工作液体（一般为油）而传到隔膜，使隔膜来回鼓动。

隔膜缸头部分由隔膜片将被输送的液体与工作液体分开。当隔膜片向传动机构一边运动，泵缸内工作室为负压而吸入液体；当隔膜片向另一端运动，则排出液体。由于被输送的液体在泵缸内被隔开，这种液体只与泵缸、吸入阀、排出阀及隔膜片的泵向一侧接触，和活塞以及密封装置并不接触，这就使活塞等重要零件，完全在油介质中工作，处于良好的工作状况。隔膜片通常用聚四氟乙烯、橡胶等材料制成，图4-7为液压隔膜泵头示意图。

隔膜泵具有绝对不漏的特点，适合输送和计量易燃、易爆、强腐蚀、剧毒、高黏度等液体。但隔膜式计量泵与柱塞式计量泵比较，它的计算精度低、运转可靠性差、维修亦较困难。

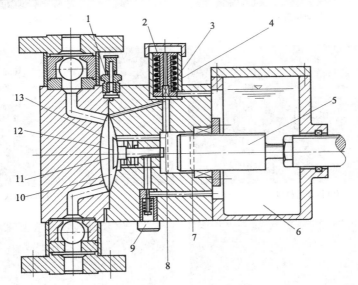

图4-7　液压隔膜泵头示意图

1—排放接头；2—卸压阀；3—排气阀；4—双功能液压阀；5—柱塞；6—液压油箱；
7—后止点；8—前止点；9—补油阀；10—液压室；11—隔膜；12—推杆；13—操作室

（2）隔膜计量泵液缸部件的拆卸步骤

将柱塞移向中间行程位置，把柱塞从十字头上旋出。在拆下吸排管法兰螺栓及泵托架与液缸连接的螺母后，将隔膜液缸部件全部从传动箱体上拆下来，然后按以下顺序全部拆出泵缸体内各零件。

① 拆下安全自动补油阀组（M型）或安全阀（MF型），从填料箱中拉出柱塞，旋下填料螺母，拆下填料压盖，取出密封填料和柱塞衬套。

② 拆下吸排管压板，依次取出阀套、限位片、阀座、阀球或阀及弹簧。

③ 拆开缸盖与缸体，依次取出限制板、隔膜、垫等。

（3）以气动隔膜泵为例简要说明隔膜泵的拆卸顺序，如图4-8所示，气动隔膜泵的拆卸。

4.2.3　计量泵的装配

如图4-5所示的柱塞式计量泵，在装配前用清洁的溶剂将各个零件单独进行清洗，用压

(a) 气动隔膜泵

(b) 拆卸出料管

(c) 拆卸进料口

(d) 取出球座和圆球

(e) 拆卸两端泵盖

(f) 拆卸膜片

(g) 拆卸气阀体

(h) 拆卸膜片连杆(使用卡钳)

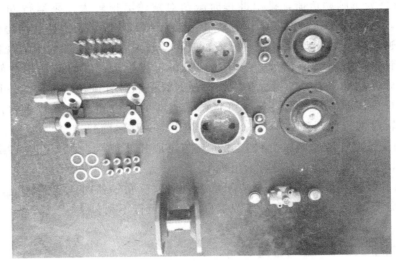

(i)拆卸完毕

图 4-8 气动隔膜泵的拆卸

缩机吹干并盖好，防止灰尘落在上面，并将零件分类摆放好。组装的步骤正好与拆卸相反，但须注意下述各点：

① 组装前，须仔细熟悉机座部件的剖视图，防止装错。

② 仔细检查重要零部件的配合和易磨损部位，对于检查出磨损严重且不能修复的零件应更换新件。

③ 按拆卸顺序逆序装复传动箱部件，装配过程中应注意以下几点：

a. 重装或更换新蜗轮时，注意重新调节蜗轮与蜗杆的啮合位置，通过增减下轴承盖处的调整垫调节，在蜗轮工作齿面薄薄地涂上一层红丹，用手旋动蜗轮蜗杆数转，观察其啮合点的位置，应在齿面啮合进入侧中部偏下位置为宜，可通过机座底部轴承位调整垫调节。

b. 蜗杆轴承处间隙调整：计量泵蜗杆轴承为径向推力轴承，其间隙过小会发热，间隙过大会发响，一般应控制为 0.1～0.15mm 轴向窜量。

c. 传动机座滚针的装配间隙与滚针颗数：间隙为 2/3 根滚针直径。

d. 注意偏心块上环及端面轴承处间隙的调整：由于 N 轴结构在排出时有向上作用分力，使偏心块上环上下窜动，产生发响，若该处间隙过小，会产生摩擦发热，同时调量表调节困难，该处的间隙调整应通过调节箱上套筒处调整垫调节。

e. N 轴轴承盒与调节螺母处的间隙调整：其松紧与传动机座功率有关，越大越紧；J6、J70 机座 N 轴轴承盒在装配调试后（或新泵运行5～10天后）须重新压紧。

f. 当连杆大头轴承与小头轴承磨损超过一定程度时，活塞轴线方向将产生间隙（即在行程中产生空位），这种间隙会使泵吸入转换为排出时造成撞击，引起噪声与振动，当大、小头轴承磨损到一定程度，应更换新的轴承和十字头销。

g. 蜗杆伸出端、十字头接杆处油封唇口有残缺，将导致润滑油渗漏，应及时更换。油封唇口安装应朝向机座储油箱。回装蜗杆和十字头处油封时应注意：蜗杆轴颈处应无划痕、碰伤现象；密封唇口表面应涂一层润滑脂；采用 0.3～0.5mm 绝缘纸卷筒导向，将油封推入后取掉绝缘纸；不得用带尖角的金属撬拔，以免损伤油封唇口影响油封效果。

h. 因计量泵为单脉动负荷，排出冲程时载荷对蜗轮磨损较大，泵运行 6000h 后，根据蜗轮磨损情况，可将蜗轮相对原安装位置旋转 180°后装回，以延长蜗轮使用寿命。

i. 传动箱逆序装复后需盘动联轴器检查，应转动自如，不得有任何卡阻现象。

j. 按逆时针方向旋转调节转盘，使其达到最小行程附近；同时转动蜗杆使十字头作往复运动，用千分表测量十字头的行程长度，按逆时针或顺时针旋转调节转盘，可反复几次进行测量，使其行程长度为最小值，这时可将调量表对好 0 位转入调节转盘内，并用螺钉紧固。转动调节转盘把行程调到 40%～50%，并把十字头移向前死点。

④ 逆序装复柱塞或隔膜液缸部件，并将其与机座托架连接。调节好填料螺母松紧，转动联轴器试转，应转动自如，不得有卡阻现象。

⑤ 多联泵安装时，首先检查单泵装配是否合格，校联轴器时应找正轴线，各泵的柱塞相位角应均匀分布，避免负荷集中对首级蜗杆和电机运行不利。

4.3 任务三 齿轮泵

齿轮泵属于回转泵，所谓回转泵是容积式泵的一种。他借助于转子在缸内作回转运动来实现工作容积的周期性变化，进而吸入和排出液体。由于它的主要工作部件——转子是作回转运动的，所以习惯称为回转泵或转子泵。

回转泵的输液过程一般包括：首先，转子和泵体形成一个与泵出口隔断，与进口连通的容积。随着转子的旋转，该容积逐渐增大，完成吸液过程；此时该容积与泵进口隔断，同时也不与出口接通，完成液体输送过程；经短暂的时间后，该容积与泵出口相接通，随着转子的旋转，该容积平稳而连续地缩小，完成液体排出过程。

回转泵的种类很多，根据转子形式的不同，有齿轮泵、螺杆泵、滑片泵、凸轮泵、罗茨泵、偏心转子泵、三转子泵、摆线转子泵、挠性件泵等。

在这里主要介绍车间内的齿轮泵和螺杆泵的结构。

4.3.1 齿轮泵的结构和工作原理

齿轮泵属于容积式泵，具有正位移特性，其流量小而均匀，扬程高，流量比往复泵均匀；采用与往复泵相似的方法调节；适用于输送高黏度及膏状液体，比如润滑油、饮料、不含固体颗粒的污水等，但不宜输送含有固体杂质的悬浮液。

图 4-9 为外啮合齿轮泵。齿轮泵是通过两个相互啮合的齿轮的转动对液体做功的，一个为主动轮，一个为从动轮。齿轮将泵壳与

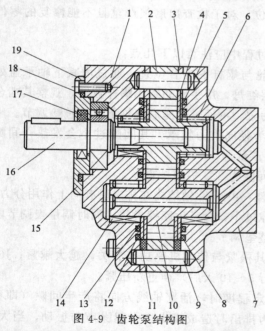

图 4-9 齿轮泵结构图

1—泵盖；2—泵体；3—垫板；4—椭圆密封圈；
5—主动齿轮；6—滚针轴承；7—后泵盖；8—后侧板；
9—销钉；10—从动齿轮；11—弓形挡块；
12—弓形密封圈；13—前侧板；14—滚针轴承；
15—轴承；16—主动轴；17—自紧密封；
18—密封圈；19—端盖

齿轮间的空隙分为两个工作室，其中一个因为齿轮的打开而呈负压与吸入管相连，完成吸液；另一个则因为齿轮啮合而呈正压与排出口相连，完成排液。齿轮泵按啮合方式可以分为外啮合齿轮泵和内啮合齿轮泵；按轮齿的齿形可分为正齿轮泵、斜齿轮泵和人字齿轮泵等。

外啮合齿轮泵的工作原理如图4-10所示，齿轮泵工作时，主动轮随电动机一起旋转并带动从动轮跟着旋转。当吸入室一侧的啮合齿逐渐分开时，吸入室容积增大，压力降低，便将吸入管中的液体吸入泵内；吸入液体分两路在齿槽内被齿轮推送到排出室。液体进入排出室后，由于两个齿轮的轮齿不断啮合，使液体受挤压而从排出室进入排出管中。主动齿轮和从动齿轮不停地旋转，泵就能连续不断地吸入和排出液体。

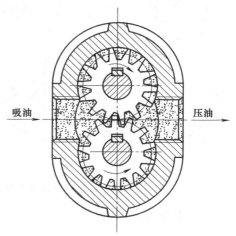

图4-10 齿轮泵工作原理

泵体上装有安全阀，当排出压力超过规定压力时，输送液体可以自动顶开安全阀，使高压液体返回吸入管。

近年来，内啮合形式正逐渐替代外啮合形式，因为其工作更平稳，但制造复杂。

图4-11为内啮合齿轮泵，它由一对相互啮合的内外齿轮及它们中间的月牙形件、泵壳等构成。月牙形件的作用是将吸入室和排出室隔开。当主动齿轮旋转时，在齿轮脱开啮合的地方形成局部真空，液体被吸入泵内充满吸入室各齿间，然后沿月牙形件的内外两侧分两路进入排出室。在轮齿进入啮合的地方，存在于齿间的液体被挤压而送进排出管。

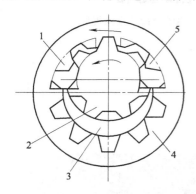

图4-11 内啮合齿轮泵
1—吸入室；2—主动齿轮；3—月牙形件；
4—从动齿轮；5—输出室

齿轮泵除具有自吸能力、流量与排出压力无关等特点外，泵壳上无吸入阀和排出阀，具有结构简单、流量均匀、工作可靠等特性，但效率低、噪声和振动大、易磨损，用来输送无腐蚀性、无固体颗粒并且具有润滑能力的各种油类，温度一般不超过70℃，例如润滑油、食用植物油等。一般流量范围为 $0.045 \sim 30 \text{m}^3/\text{h}$，压力范围为 $0.7 \sim 20 \text{MPa}$，工作转速为 $1200 \sim 4000 \text{r/min}$。

4.3.2 齿轮泵的主要特点

齿轮泵的特点是具有自吸性，流量与排出压力无关；结构简单紧凑、流量均匀、工作可靠；体积小、重量轻、造价低，维护保养方便；流量小，压力高，适用于输送黏稠液体。

其缺点是制造精度要求高，不宜输送黏性低的液体（如水、汽油）和含有固体颗粒的液体，在运转中流量和压力有脉动以及摩擦面较多，效率低、振动大、噪声较大和易磨损。

对于外啮合齿轮泵，泵如果反转，吸排方向相反，因此一定要注意电机的旋转方向。

4.3.3 齿轮泵的困液现象

泵在工作过程中，在排出口挤压液体时，尚有少量液体被封闭在互相啮合的两齿槽中，

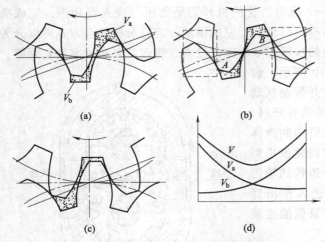

图 4-12　齿轮啮合时所形成的封闭室

形成一个封闭空间，如图 4-12 所示。封闭空间由大变小，在瞬间产生低压，析出液体蒸汽。这种蒸汽在冷凝时，会产生一种类似汽蚀的现象，使齿轮光滑表面受到剥蚀。

为了防止上述现象的发生，可在泵盖上开出两条卸荷槽和若干卸荷孔[见图 4-13（d）]。它们的作用都是当密封空间由大变小时，被挤压的液体可沿卸荷槽或卸荷孔流向排出口。当封闭的容积增大时，吸入口的液体可经卸荷槽或卸荷孔流进封闭室。

4.3.4　齿轮泵的拆装

下面以车间内 L 形活塞压缩机曲轴端部的齿轮油泵为例进行拆装，如图 4-13 所示。手机扫描二维码 M4-1、M4-2 可以查看外啮合和内啮合齿轮泵的拆卸。

M4-1　外啮合齿轮泵的拆装

M4-2　内啮合齿轮泵的拆装

① 从压缩机上拆下齿轮油泵；
② 将拆下的齿轮油泵放在检修工作室；
③ 拆卸齿轮油泵端盖螺栓；
④ 分开泵体和泵盖（侧盖）；
⑤ 观察齿轮泵腔的内部结构。

（a）压缩机曲轴端部的齿轮泵

（b）已拆下的齿轮泵(其轴也是蜗杆)

(c) 拆卸泵体与泵盖连接螺栓 　　　　　(d) 泵体正面(注意观察卸荷槽)

(e) 泵盖和齿轮

(f) 齿轮泵的主要零部件结构

图 4-13　齿轮泵的拆卸过程

4.4　任务四　螺杆泵

螺杆泵属于容积式转子泵,是利用相互啮合的一根或数根转子(螺杆)使工作容积变化来吸、排液体的。根据螺杆数目的不同,分为单螺杆泵、双螺杆泵、三螺杆泵等。

4.4.1　单螺杆泵

(1) 单螺杆泵的结构 (图 4-14)

单螺杆泵是一种内啮合回转式容积泵,单头螺杆在柔性衬套内偏心地转动,即单线螺旋的转子（螺杆）在双线的螺旋定子孔内绕定子轴线作行星回转时，转子与定子之间形成的密闭腔就连续地、匀速地、容积不变地将介质从吸入端输送到输送端。它的最大特点是对介质的适应性强、流量平稳、压力脉动小、自吸能力高。单螺杆泵特别适合高黏度介质、含固体颗粒或纤维的介质输送。与其他泵种相比具有明显优势。

单螺杆泵也可用于要求输送连续、压力稳定，不允许出现流量和压力脉动的场合等。

单螺杆泵可采用联轴器直接传动，也可采用调速电机、三角带、变速箱等。

单螺杆泵的流量与转速成正比关系，可以方便地通过改变转速来调整流量。

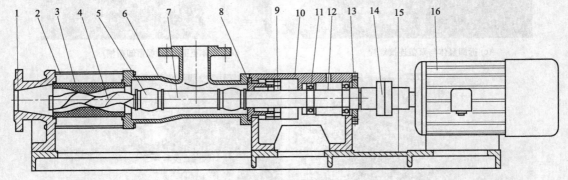

图 4-14　单螺杆泵的结构

1—出料体；2—拉杆；3—定子；4—螺杆轴；5—万向节总成；6—进料体；7—连接轴；8—填料座；
9—填料压盖；10—轴承座；11—轴承；12—传动轴；13—轴承盖；14—联轴器；15—底盘；16—电机

（2）单螺杆泵拆卸步骤

如图 4-15 所示。手机扫描二维码 M4-3 可以查看单螺杆泵的拆装。

M4-3　单螺杆
泵的拆装

① 拆卸联轴器，使螺杆泵与电机脱离，拆卸前先排空介质（防止电机、有毒介质伤人）；

② 拆卸螺杆泵排出口泵头：卸下泵头固定螺母，取下泵头，无泵头而只有输出法兰的单螺杆泵，可不用拆下法兰，便于下一步拉出定子，需要更换定子时拆卸此法兰；

③ 拆卸螺杆泵定子，必要时按泵轴旋转方向盘动轴作辅助；

④ 拆卸转子及连接轴；

⑤ 拆卸传动轴和轴封；

⑥ 长期不用的螺杆泵，要做防锈处理，方法为用防锈脂涂抹非油漆金属表面，包括轴表面、填料壳体内腔等，并进行润滑。

（3）单螺杆泵装配时的注意事项

① 装配时应将螺杆泵零件仔细清洗、检查，损坏的零件应更换；

② 传动轴两万向接头装配时，应检查密封圈有否损坏，在空腔内填充润滑脂；

③ 正确安装的轴承使轴转动灵活、无卡阻现象；

④ 轴封安装：填料函安装时，应使填料压盖压紧螺栓位置在壳体安装窗口内，便于扳手调整螺栓；

⑤ 排出体压紧固定时，螺母拧紧应均匀一致；

⑥ 机械密封安装应小心，摩擦副端面应清洁并涂上润滑脂；

⑦ 安装定子时，用润滑油涂抹转子、定子内腔表面，有利于定子安装；

⑧ 安装装配时，联轴器安装偏差：$\Delta Y \leqslant 0.2\text{mm}$，$\Delta \alpha \leqslant 30°$。

(a) 待拆卸的单螺杆泵

(b) 拆卸拉杆

(c) 拆卸出料体

(d) 拆卸轴承箱上盖

(e) 拆下定位螺母

(f) 拆下传动销

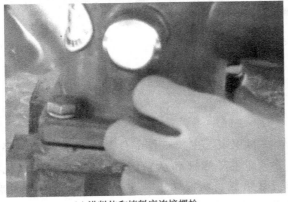

(g) 进料体和填料座连接螺栓

(h) 进料体

图 4-15

(i) 从定子中旋出转子　　　　　　　　(j) 定子、转子、连接轴

(k) 万向节总成

(l) 拆卸联轴器　　　　(m) 轴承箱压盖　　　　(n) 打出传动轴

(o) 单螺杆泵的结构和零部件

图 4-15　单螺杆泵的拆卸

4.4.2　双螺杆泵

（1）双螺杆泵的结构

如图 4-16 所示，双螺杆泵是一种回转式容积泵，主要工作部件是由具有"∞"字形定子（衬套或泵体）和相互啮合的两根转子（即主动螺杆和从动螺杆）、填料密封（机械密封）、同步齿轮、滚动轴承、泵体及吸排液室组成。两根转子与定子三者之间的共同啮合、配合，形成一系列等容积的密封腔（由螺杆头数确定密封容积个数）。同步齿轮将主动螺杆的转矩传递给从动螺杆，当主动螺杆带动从动螺杆旋转时，液体在密封空间内向前移动，旋

转一周，移动一个导程，吸液腔一端的密封容积随着螺杆转动不断扩大，完成吸液过程，而排液腔一端的密封容积随着螺杆转动不断缩小，完成压缩、排液过程。实现将介质从低压腔向高压腔的输送。螺杆均匀转动，包容在密封腔里的介质沿轴向平稳、连续地移动，不易产生涡流和起泡。

（2）双螺杆泵工作原理及特点

双螺杆泵的两根螺杆之间及螺杆与衬套（泵体）之间具有一定的间隙。这些间隙是靠轴承和一对同步齿轮共同对两根螺杆进行精确定位来保证的。其中，轴承对螺杆的轴向和径向进行定位，同步齿轮对主动螺杆与从动螺杆之间的啮合间隙进行定位。

双螺杆泵的特点是运转平稳、噪声低，流量压力稳定，无搅动，脉动小。泵体结构保证泵的工作元件内始终存有泵送液体作为密封液体，因而吸入性能优良，具有很强的自吸能力，且能汽液混输。由于采用同步齿轮驱动，二转子之间不接触，允许短时间空转。正确地选用材料，甚至可以输送很多有腐蚀性的介质。对于双吸式结构，转子上没有轴向力。轴端采用机械密封或波纹管机械密封，具有寿命长、泄漏少、适用范围广的特点。

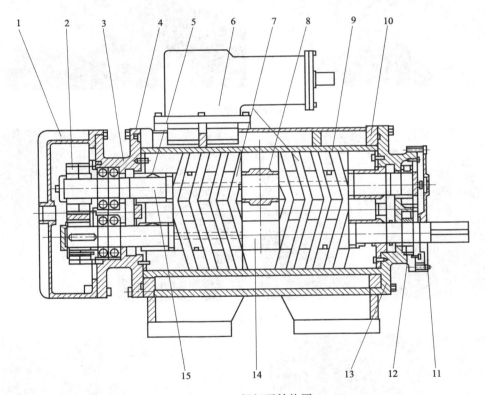

图 4-16　双螺杆泵结构图

1—齿轮箱盖；2—齿轮；3—滚动轴承；4—后支架；5—机械密封；6—安全阀；7—螺套 A、B；8—调节螺栓；
9—衬套；10—泵体；11—前盖；12—滚动轴承；13—前支架；14—主动轴；15—从动轴

（3）双螺杆泵的拆卸

说明：所有拆卸下来的零件，如机封、齿轮、轴承、间隔套、调紧垫圈等要立即做标记，以免在安装时发生混乱。

在组装前，应仔细清洗密封面和单个的零件，逐一检查并薄薄地涂以油脂。机械密封必须小心拆卸，不要损坏动、静环（动、静环的材料对磕碰特别敏感）。仔细检查动、静环的密封面是否有划痕等，如有必要则需进行研磨处理。单列圆柱滚子轴承保持架大的直径（内圈突台）应指向齿轮侧。双列角接触球轴承滚珠的填充沟槽必须指向泵的驱动轴头端。

在安装新螺杆时要注意，如果没有特殊定货要求，所提供的备用螺杆直径要大一些，以补偿定位套孔的磨损。

双螺杆泵的拆卸，如图 4-17 所示。

① 拧下齿轮箱下的丝堵，把润滑油从齿轮箱中排净。

② 拆卸齿轮箱。

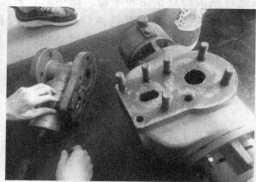

(a) 拆卸出口组件

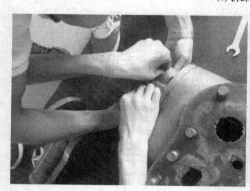

(b) 拆齿轮箱

(c) 拆卸齿轮

(d) 拆前轴承压盖

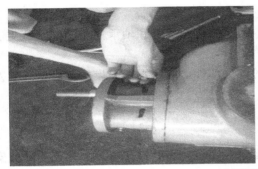

(e) 拆卸前轴承箱

(f) 将后轴承箱和螺杆整体取出

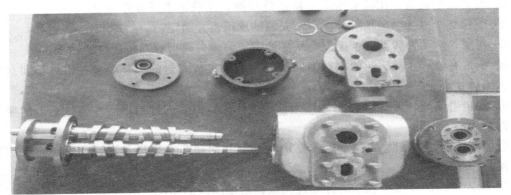

(g) 双螺杆泵主要零部件的结构

图 4-17　双螺杆泵的拆卸

③ 拆下齿轮的固定螺栓和弹簧垫圈，固定主、从动齿轮，以保证轴主、从动螺杆不随之转动。

④ 拆卸齿轮、键和间隔套。

⑤ 拆卸后轴承座，先拆下螺母、螺钉和垫圈，用启盖螺钉将轴承座顶出。启盖螺孔位于轴承座的法兰上。

⑥ 拆卸主、从动轴上的单列圆柱滚子轴承、轴承压盖。

⑦ 拆卸带有止动法兰的中间法兰、机械密封的静环腔室及对中法兰。

⑧ 从主动轴上拆下半联轴器和键，将后轴承座安装在泵体上，同时把两齿轮推到主、从动轴上至后轴承座处，并进行紧固，以限制主、从轴的轴向移动。

⑨ 拆卸主从动轴的轴承盖。

⑩ 从主动轴上拆下轴套，并将止动垫圈、锁紧螺母、螺钉和轴承挡圈等分别从主、从动轴上拆下来。

⑪ 按照⑤、⑥条的顺序拆卸前轴承座上的各个部件，然后再拆卸齿轮和后轴承座及中间法兰。

⑫ 把主、从动轴连同螺杆从泵体内抽出。

（4）双螺杆泵的安装

① 将装配好螺杆的主、从动轴啮合在一起装入"∞"字形衬孔中。注意主动轴的安装位置在吸入侧。

② 把装好止动法兰的主动侧的中间法兰、机械密封的静环腔室及密封垫和对中法兰等一起压入到泵体中心处，并用螺钉进行紧固，安装机械密封。

③ 装上甩油环把轴封和O形圈压入两轴承压盖中，并用螺钉紧固在前轴承座上。轴封的弹簧必须指向泵中心。

④ 将前轴承座穿过轴推至中间法兰，并紧固。

⑤ 装入调整环，用一个贴在从动轴轴承孔的扁平铁条和一个旋入从动轴中心孔的螺栓向外拉主、从动轴，直至主动轴上的轴承内圈和在前轴承座上的轴承外圈定位处位于同一平面上。

⑥ 把双列角接触球轴承压到主动轴止轴肩处，用止动垫圈和锁紧螺母紧固。把轴套推到主动轴上并用紧定螺钉固定。

⑦ 拆下扁平铁条，在轴承压盖上装上O形圈，安装轴承压盖并固定。

⑧ 压入双列角接触球轴承并固定，安装轴承压盖并固定。

⑨ 在主、从动轴转动的情况下，从注油嘴均匀地向两个双列角接触球轴承注油。

⑩ 把带有装好止动法兰的末端中间法兰、用于机械密封的静环腔室、密封垫和对中法兰压入泵体中心处并紧固。

⑪ 安装甩油环，轴封和O形圈压入轴承盖并用螺钉紧固在后轴承座上，轴封的弹簧必须指向泵中心。

⑫ 把后轴承座穿过主、从动轴推至中间法兰并用垫圈和螺母及螺钉紧固。注意一下补偿垫圈。

⑬ 压入单列圆柱滚子轴承，并通过挡圈在后轴承座上固定。

⑭ 推入间隔套并置入键。

⑮ 装上主、从动齿轮并用齿轮挡圈、垫圈、螺钉紧固。像拆卸时一样，要确保主、从

动轴相对不转动。

⑯ 在齿轮箱的密封面上装上垫片，安装并用螺母拧紧。

⑰ 按照润滑说明注入齿轮油至油标上色点端，即最大油位。

4.4.3　三螺杆泵

（1）三螺杆泵结构

如图4-18所示，三螺杆泵是转子式容积泵，主动螺杆与两从动螺杆上螺旋槽相互啮合，以及它们与衬套三孔内表面的配合，而在泵的进出口之间形成数级动密封腔室，这些动密封腔室的存在，使液体不断地由泵进口轴向移动到泵出口，并使液体逐级升压，从而形成一个连续、平稳、轴向移动的压力液体。图4-19为三螺杆泵转子。

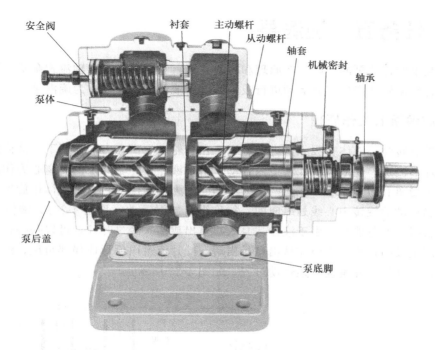

图 4-18　三螺杆泵结构图

三螺杆泵所输液体为不含固体颗粒，无腐蚀性的油类及类似油的润滑性液体，高黏度液体可通过加温降黏后输送。

（2）三螺杆泵特点

三螺杆泵的特点是：主动螺杆直接驱动从动螺杆，无需同步齿轮传动，结构简单，形式多样；泵体本身即作为螺杆的轴承，无径向轴承；螺杆无弯曲载荷，长度可以较大，从而可获得较高的排出压力；不宜输送含固体杂质的液体；可高速运转，一般小流量 $0.2\sim6.5\,\mathrm{m^3/h}$，具有高吸入能力，容积

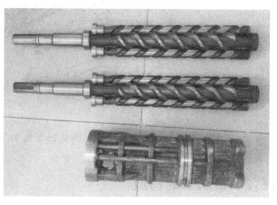

图 4-19　三螺杆泵转子

效率较高；双吸结构填料箱只承受吸入压力，因此泄漏量较低。所输液体在泵内作轴向匀速直线运动，故压力脉动小，流量稳定，噪声低，由于转动部件惯性小，则启动力矩和振动很小。中等以上流量的螺杆泵带有安全阀，当压力超过安全阀的设定压力时，被输送介质将回流至泵的进口。

寿命长。三螺杆泵的主动螺杆由电动机驱动，主、从螺杆之间没有机械接触，而由所输压力液体驱使从动螺杆绕轴心线自转，主、从螺杆杆之间，螺杆与衬套之间皆有一层油膜保护，因而泵的机械摩擦极小，寿命堪称半永久性。

高效率。

为保证泵、电机及管路系统的安全，中等流量以上的螺杆泵均带有安全阀，当压力超过安全阀的设定压力时，高压油将回流至泵的进油口。

4.5　任务五　旋涡泵

旋涡泵是叶片式泵的一种。在原理和构造方面，它与离心式和轴流式泵不一样，由于它是靠叶轮旋转使液体产生旋涡运动进行吸入和排出液体的，所以称为旋涡泵。

4.5.1　旋涡泵的工作原理

当叶轮旋转时，液体自吸入口进入流道，在叶轮产生离心力的作用下，液体由叶片根部甩向四周环形流道，使液体在此流道内转动。由于液体在叶轮叶片内受离心力作用大，而在环形流道内受离心力作用小，在这两个大小不同的力的作用下，引起液体作旋涡运动，因为液体作旋涡运动的旋转中心线是纵向的，故称纵向旋涡运动（见图 4-20）。液体每经叶片甩出一次就获得一部分能量。由于液体从泵入口至出口多次经过叶片，可以获得较多能量，故该种泵可产生较高扬程。当液体从出口排出后，叶片流道内便形成局部负压，液体就不断地从吸入口进入叶轮，并重复上述运动过程，如图 4-20 所示。

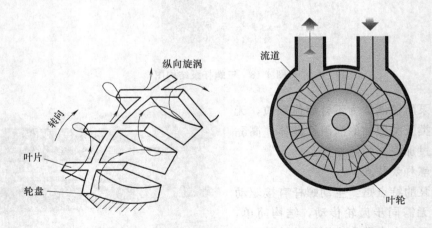

图 4-20　旋涡泵工作原理简图

4.5.2　旋涡泵的构造

如图 4-21 所示，它由泵体、泵盖、叶轮、泵轴、托架及轴封装置等构成。泵的进、出口均在泵壳上部，叶轮是一个等厚圆盘，在圆盘边缘两侧间隔地铣去一部分，构成许多径向小叶片，铣去部分的空间相当于叶片间的通道。泵体内构成等截面积的环形流道，吸入口与排出口被突出的隔板隔开，隔板与叶轮之间留有很小的间隙。

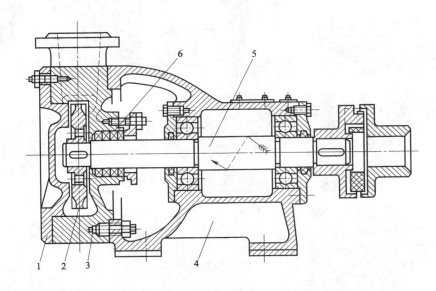

图 4-21　旋涡泵的结构（W 形）
1—泵盖；2—叶轮；3—泵体；4—托架；5—泵轴；6—轴封装置

4.5.3　旋涡泵的特点及应用

旋涡泵也是依靠离心力对液体做功的泵，但其壳体是圆形而不是蜗牛形，因此易于加工，叶片很多，而且是径向的，吸入口与排出口在同侧并由隔舌隔开，工作时，液体在叶片间反复运动，多次接受原动机械的能量，因此能形成比离心泵更大的压头，而流量小，其扬程范围从 15～132m、流量范围从 0.36～16.9m³/h。由于流体在叶片间的反复运动，造成大量能量损失，因此效率低，在 15%～40%。

旋涡泵适用于输送流量小而压头高、无腐蚀性和具有腐蚀性的无固体颗粒的液体。其性能曲线除功率-流量线与离心泵相反外，其他与离心泵相似，所以旋涡泵也采用旁路调节。

旋涡泵与同样性能的离心泵相比，旋涡泵体积小，质量轻，结构简单，造价低等，但液体在泵内的能量损失大，效率低。旋涡泵的叶轮和泵体之间的径向和轴向间隙要求很严，通常径向间隙为 0.015～0.3mm，轴向间隙为 0.07～0.2mm。它不宜输送含有固体颗粒和黏度大的液体。它主要应用在代替低比转数离心泵的场合。

4.5.4　旋涡泵的拆卸

现以车间的旋涡泵为例，其拆卸如图 4-22 所示。手机扫描二维码
M4-4 可以查看旋涡泵的拆装。

M4-4　旋涡泵的拆装

(a) 待拆卸的泵

(b) 用拉马拆卸联轴器

(c) 用通心螺丝刀敲下键

(d) 拆卸电机侧轴承压盖

(e) 拆卸泵进出口异形接管

(f) 拆卸泵盖(注意观察泵盖上的隔舌位置)

(g) 拆卸填料压盖

(h) 拆卸泵体与轴承箱连接螺栓

(i) 从轴承箱上撬下泵体

(j) 从泵体拆卸叶轮

(k) 从轴承箱中打出泵轴组件

(l) 旋涡泵的结构及零部件

图 4-22　旋涡泵的拆卸

4.6　任务六　喷射泵

　　喷射泵是一种流体动力泵。流体动力泵没有机械传动和机械工作构件，它借助一种工作流体的能量作动力源来输送另一种低能量流体，用来抽吸易燃易爆的物料时，具有很好的安全性。喷射式真空泵是利用通过喷嘴的高速射流来抽除容器中的气体以获得真空的设备，又称射流真空泵。这种泵在抽真空及制冷工艺工程中得到应用。在化工生产中，常以产生真空为目的。

　　图 4-23 为喷射泵的结构及原理图。工业用的喷射泵，又称射流泵和喷射器。利用高压工作流体的喷射作用来输送流体的泵，由喷嘴、混合室和扩压室等构成。为使操作平稳起见，在喉管处设置一真空室（也称吸入室）；为了使两种流体能够充分混合，在真空室后面有一混合室。操作时，工作流体以很高的速度由喷嘴喷出，在真空室形成低压，使被输送流体吸入真空室，然后进入混合室。在混合室中高能量的工作流体和低能量的被输送流体充分混合，使能量相互交换，速度也逐渐一致，从喉管进入扩压室，速度放慢，静压力回升，达

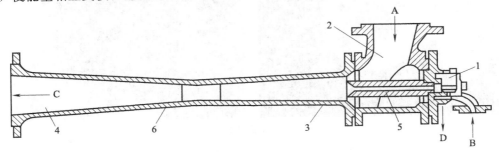

图 4-23　喷射泵的结构及原理

1—工作介质（蒸汽）入吸入室；2—吸入室；3—混合室；4—压缩室；5—喷嘴（拉瓦尔）；6—挤压器；
A—被抽送介质入口；B—工作介质（蒸汽）入口；C—混合介质流出口；D—工作蒸汽冷凝液排放口

到输送液体的目的。

　　喷射泵的工作流体可以是气体（空气或蒸汽）和液体。常见的有水蒸气喷射泵、空气喷射泵和水喷射泵。还有一种用油作介质的喷射泵，即油扩散泵和油增压泵，是用来获得高真空或超高真空的主要设备。

　　图 4-24 为实训室喷射泵的结构及拆卸步骤。

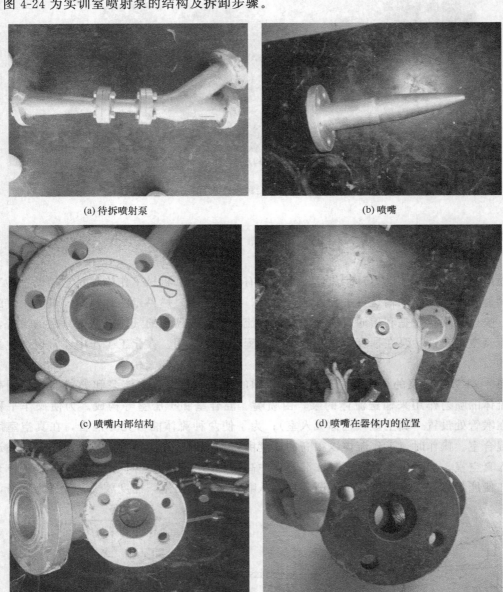

(a) 待拆喷射泵　　　　　　　　　　　　(b) 喷嘴

(c) 喷嘴内部结构　　　　　　　　　　　(d) 喷嘴在器体内的位置

(e) 泵(器)体

图 4-24　喷射泵的结构及拆卸步骤

第 5 章

活塞式压缩机的拆装与维护

（1）实训目的

压缩机通常是指输送气体、增加气体压力，即把原动机的机械能转换为气体能量的机器。活塞式压缩机因其操作适应性强，热效率较高，气量调节时排气压力几乎不变，对金属材料要求不苛刻等特点而得到广泛的应用，但因其结构复杂、易损件多，维护工作量大，动平衡性差，运转时有振动，排气量不连续，气流不均匀等缺点而使其使用空间被压缩，但在化工厂中仍应用最广。为了保证活塞式压缩机正常运转，保证化工生产正常运行，对活塞式压缩机的维护是必不可少的。为此必须了解其结构，对于技术人员必须懂得活塞式压缩机的拆卸和装配以及主要零部件的维护。

（2）实训设备

L 形活塞式压缩机，W 形活塞式压缩机，活塞式制冷压缩机等。

（3）实训内容

通过对活塞式压缩机进行拆卸、安装，了解活塞式压缩机的结构和工作原理，了解其主要零部件的特点及安装检修方法。

5.1 任务一 认识压缩机

压缩机是一种提高气体能量和输送气体的机器，在国民经济中主要应用于化工生产、气体输送、动力工程以及制冷和气体分离等方面。在化工厂中它与离心泵一样是必不可少的关键设备。

5.1.1 压缩机的应用

按照气体被压缩的目的，压缩机的应用大致分为以下几种情况：

① 动力工程：压缩空气作为传递力能的介质。例如用压缩空气驱动的风镐、扳手、风钻，以及控制仪表和自动化装置等。

② 制冷及气体分离：使气体液化，气体经压缩、冷却便能液化。液化气体蒸发可以进行人工制冷；混合气体液化后可利用其组分的沸点不同，逐步蒸发而彼此分离，如分离空气中的氧气、氮气等。此外，液化气体还具有便于储存及运输的优点。

③ 压缩气体用于合成与聚合：将原料气体压缩至高压，以利于合成反应。如氮气、氢气合成氨，氨和二氧化碳合成尿素、聚乙烯、聚丙烯等。

④ 气体输送：如输送瓶装气体，管道煤气，西气东输等。

⑤ 油田注气：将不能直接利用的油田伴生气加压回注，以提高油层压力，增加采油量。

5.1.2　压缩机的分类

按压缩气体的原理，压缩机可分为容积式和速度式两大类，具体分类如下：

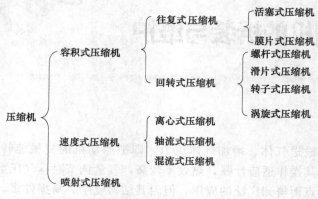

图 5-1　压缩机的分类

（1）容积式压缩机

是利用气缸工作容积的周期性变化对气体进行压缩，提高气体压力并排出的机械，它又可再分为往复式与回转式两大类。

① 往复式压缩机：往复式压缩机分为活塞式和膜片式两种，前者是利用气缸内活塞的往复运动来输送气体介质并提高其能头。为提高排气压力常设计成多级，气体从一级送到另一级不断被压缩。后者是利用弹性膜片对气体进行压缩。可以实现无泄漏气体输送，并可避免润滑油对被压缩气体的污染。

② 回转式压缩机：它是靠机内转子作回转运动时产生的容积变化来压缩气体的机械。回转式压缩机有螺杆式、滚动转子式、滑片式、涡旋式等形式。

（2）速度式压缩机

是利用高速旋转的叶轮提高气体的能量，并在后面的扩压流道中降速增压，将部分动能转变为静压能，所以，也称动力式压缩机。速度式压缩机主要有：

① 离心式压缩机：在机壳内有一根安装有一个或多个叶轮的转轴，气体从轴向吸入叶轮后又被离心力径向甩出，在扩压器中降速增压，再进入下一级进一步增压，直至排出。

② 轴流式压缩机：气体的流动方向一直是沿轴向的，它的转轴上装有多级动叶片，机壳上装有多级静叶片，气体进入一级动叶片获得能量后再进入紧跟其后的静叶片扩压，然后进入下一级进一步压缩，直至排出。与离心式压缩机比较，轴流式压缩机的效率高，排气量大，但它的排气压力较低。

（3）喷射式压缩机

它利用喷嘴由高压气体带动低压气体获得速度后，共同经扩压管扩压，达到压缩气体的目的。它结构简单，无运动部件，但另需高压气体。

5.2　任务二　活塞式压缩机的结构及分类

5.2.1　活塞式压缩机的结构及特点

活塞式压缩机（图5-2）是一种结构复杂、制造精密的机器，它是由许多运动的和固定

的零部件以一定的公差配合的要求装配起来的。活塞
式压缩机在安装和修理中，装配要求是非常严格的，
如果没有达到装配要求，则工作时就会出现问题。如
气缸和机身滑道的中心线与曲轴的中心线的不垂直度
超过允许值，则压缩机在开车后不久，活塞由于受力
偏斜，活塞环在短时期内会被磨损掉，其结果是活塞
环与气缸壁之间就会漏气，直接影响压缩机的排气量，
同时由于偏磨的关系，气缸也会磨伤。如在安装气缸
上的进、排气阀时，由于工作中的疏忽，若将进气阀
装反，则压缩机的气缸吸不进气，也就不能工作；若
将排气阀装反，则气缸内压缩后的气体无法排出，将
会造成气缸盖连接螺栓拉断，以致气缸盖飞出的严重
事故。其他，如在安装中机身没有垫实，压缩机在运
转过程中就会产生振动等。

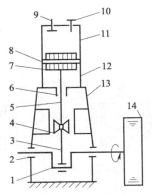

图 5-2 活塞式压缩机的结构示意图
1—曲轴；2—轴承；3—连杆；4—十字头；
5—活塞杆；6—填料函；7—活塞；8—活塞环；
9—进气阀；10—排气阀；11—气缸；
12—平衡缸；13—机体；14—飞轮

综上所述，在安装和修理压缩机时，如果没有达
到装配要求，就会造成两种后果：一种是使压缩机过早磨损或损坏，以致缩短它的使用寿
命；另一种是降低压缩机的排气量，或因故检修而需多次停车，直接影响到生产。直此可
知，做好活塞式压缩机的安装和修理工作是保证机器进行长期、正常运转的重要前提。为此
对工程技术人员来说，了解掌握压缩机的结构、拆卸、装配及维护是必不可少的，在实训中
要特别认真对待。

化工厂生产中应用的活塞式压缩机种类很多，但它们的安装与修理方法基本相同。现以
空气压缩机为例，介绍活塞式压缩机在拆卸、安装和修理工作中的一些主要问题。

（1）活塞式压缩机基本构造

往复活塞压缩机是各类压缩机中发展最早的一种，公元前 1500 年中国发明的木风箱为
往复活塞压缩机的雏型。现在农村很多地方用的风箱，其工作原理与现在的活塞式双作用气
缸压缩机基本一样。18 世纪末，英国制成第一台工业用往复活塞空气压缩机。20 世纪 30 年
代开始出现迷宫压缩机，随后又出现各种无油润滑压缩机和隔膜压缩机。50 年代出现的对
称结构使大型往复活塞压缩机的尺寸大为减小，并且实现了单机多用。

活塞式压缩机虽然种类繁多、结构复杂，但其基本构造大致相同，主要零部件有机体、
工作机构（气缸、活塞、气阀等）及运动机构（曲轴、连杆、十字头等）。图 5-3 是对称平
衡型压缩机的结构图。

（2）活塞式压缩机的特点

活塞式压缩机与离心式压缩机相比较，主要优点如下：

① 适应性强，无论流量大小，都能达到所需的压力，一般单级终压可达 0.3～0.5MPa，
多级压缩终压可达 100MPa 以上；

② 热效率较高；

③ 气量调节时排气压力几乎不变；

④ 对金属材料要求不苛刻。

主要缺点如下：

① 转速低，排气量较大时机器显得笨重；

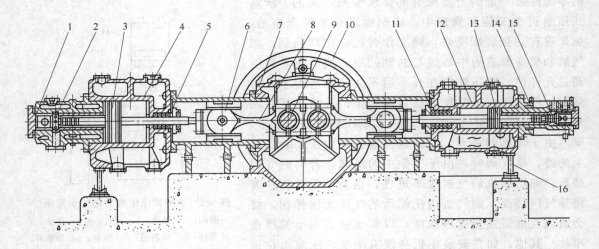

图 5-3 对称平衡型压缩机的结构

1—气缸；2—气阀；3—活塞；4—气缸；5—填料函；6—十字头；7—机体；8—连杆；9—曲轴；
10—皮带轮；11—填料函；12—气缸；13—活塞；14—气缸；15—气阀；16—支撑

② 结构复杂，易损件多，日常维修量大；

③ 动平衡性差，运转时有振动；

④ 排气量不连续，气流不均匀；

⑤ 在有油润滑的压缩机中，气体带油污，对需要洁净气体的场合还需要气体净化设备。

5.2.2 活塞式压缩机的分类

往复活塞压缩机有多种分类方法。气缸的排列方式和运动机构的结构这两个方面是活塞式压缩机结构特点的主要体现。

（1）气缸排列的形式（气缸中心线在空间的位置分类，见图 5-4）

① 立式压缩机 气缸轴线做垂直布置。

其缺点在于气阀和级间管道布置比较困难，不易改型，较大的立式压缩机操作、维修不便。立式压缩机仅用于中、小型及微型，特别是无油润滑压缩机。

② 卧式压缩机 气缸中心线做水平布置。按其轴线的布置方式，又分为一般卧式、对称平衡型和对置式压缩机。

③ 角度式压缩机 气缸中心线间具有一定的夹角，按气缸中心线的位置不同，又分为 W 形、V 形、L 形和扇形等。

（2）按排气压力分类

名称	排气压力范围（表压）/10^5Pa	名称	排气压力范围（表压）/10^5Pa
低压压缩机	>3~10	中压压缩机	10~100
高压压缩机	100~1000	超高压压缩机	>1000

（3）按排气量分类

名称	排气量范围/(m³/min)	名称	排气量范围/(m³/min)
微型压缩机	<1	小型压缩机	1~10
中型压缩机	10~60	大型压缩机	>60

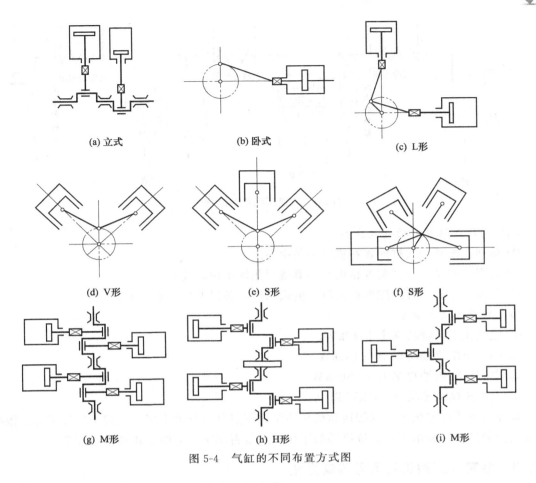

图 5-4 气缸的不同布置方式图

（4）按气缸达到终了压力所需要的级数分类

① 单级压缩机 气体经一次压缩达到终了压力。

② 两级压缩机 气体经两次压缩达到终了压力。

③ 多级压缩机 气体经三次以上压缩达到终了压力。

当要求气体的压力较高时，因总的压力比大，用单级压缩不但耗功大，而且因排气温度、活塞力、进气量等的限制而难以实现，所以实际上都采用多级压缩。所谓多级压缩是将气体的压缩过程分在若干级中进行，并在各级压缩之后将气体导入中间冷却器进行冷却。

图 5-5 是一个三级压缩机的流程图，气体在一级气缸中压缩后，经中间冷却器做冷却，并分离出水与润滑油等冷凝液，进入下一级压缩。采用多级压缩可以降低排气温度、减少功率消耗、提高气缸利用率、减少作用在活塞上的最大气体力。

但级数过多会使结构复杂，易损件增多，级间管路增加，功耗增加，因此，必须合理选择级数与压力比。

（5）按活塞在气缸内实现的气体循环分类

① 单作用压缩机 气缸内仅一端进行压缩循环。

② 双作用压缩机 气缸内两端都进行同一级次的压缩循环。

③ 级差式压缩机 气缸内一端或两端进行两个或两个不同级次的压缩循环。

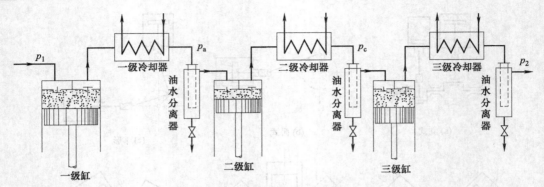

图 5-5　三级压缩机的流程图

（6）按压缩机具有的列数分类

① 单列压缩机　气缸配置在机身一条中心线上。

② 双列压缩机　气缸配置在机身一侧或两侧两条中心线上。

③ 多列压缩机　气缸配置在机身一侧或两侧两条以上的中心线上。

（7）按功率大小分类

① 微型压缩机轴功率小于 10kW。

② 小型压缩机轴功率 10～100kW。

③ 中型压缩机轴功率 100～500kW。

④ 大型压缩机轴功率 500kW 以上。

此外活塞式压缩机还可以按运动机构的结构特点分为有无十字头、带十字头两种；按冷却方式分为风冷式和水冷式；按机器的工作地点是否固定分为固定式和移动式等。

5.2.3　活塞式压缩机的型号编制方法

活塞式压缩机的型号反映出压缩机的主要结构特点、结构参数及主要性能参数。

原机械工业部标准 JB/T 2589《容积式压缩机　型号编制方法》规定活塞式压缩机的型号由大写汉语拼音字母和阿拉伯数字组成，其内容见图 5-6。

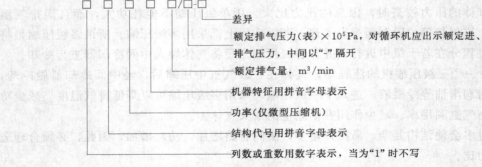

图 5-6　活塞式压缩机的型号表示

型号中的压力：在吸气压力为常压力时，仅示出压缩机公称排气压力的表压值。增压压缩机循环压缩机和真空压缩机均应示出其公称吸、排气压力的表压值（当吸气压力低于常压时，则以真空度表示，同时其前面应冠以负号），且其吸排气压力之间应以 "-" 隔开。型号中的结构差异：为了区分容积式压缩机的品种，必要时可以使用结构差异项。

压缩机的全称应该由两部分组成：第一部分即型号，第二部分用汉字表示压缩机的特征或压缩介质。凡属"增压""联合""循环""真空"性质的压缩机均应表明其特性。

压缩机的结构代号及机器特征等可查阅相关资料、手册。

原动机功率小于 0.18kW 的压缩机不标排气量与排气压力值。

活塞式压缩机型号及全称示例如下：

① 4VY-12/7 型压缩机　4 列、V 形、移动式，额定排气量 12m³/min，额定排气压力 $7×10^5$ Pa。

② 5L5.5-40/8 型空气压缩机　5 表示设计序号，L 形，活塞推力 $5.5×10^4$ N，额定排气量 40m³/min，额定排气压力 $8×10^5$ Pa。

③ 2DZ-12.2/250-2200 型乙烯增压压缩机　2 列、对置式，额定排气量 12.2m³/min，额定进、排气压力 $250×10^5$ Pa、$2200×10^5$ Pa。

④ 4M12-45/210 型压缩机　4 列、M 形，活塞推力 $12×10^4$ N，额定排气量 45m³/min，额定排气压力 $210×10^5$ Pa。

5.3　任务三　活塞式压缩机主机的拆装

压缩机拆卸时应遵循的原则和注意事项：

① 清理现场，保持现场干净清洁，消除不安全因素；

② 要熟悉所拆机器的结构，制订详细的拆卸计划，以免发生先后倒置，造成混乱，对不易拆卸或拆卸后对连接质量有影响，甚至造成损坏的，要尽量避免拆卸。拆卸过程中要用手锤或冲击棒冲击零件时，应垫好软衬垫或用软材料（如铜棒等），以防止损坏零件表面，切忌贪图省事，猛拆猛敲，造成零件损坏变形；

③ 拆卸时应按照与装配相反的程序进行，一般从外部拆卸到内部，从上部拆卸到下部，先拆卸部件或组件，再拆卸零件；

④ 拆卸时要使用专用工具卡具，必须保证合格零件不发生损伤；

⑤ 由于大型压缩机的零部件都很重，要准备好起吊工具（如绳、钢丝、手拉葫芦等），并注意保护好零部件，不要碰伤和损坏，要注意安全操作；

⑥ 对拆卸下来的零部件，要分门别类放在适合的位置，不要乱放。对大件、很重要的机件，应放在垫木上（如活塞、连杆、曲轴等），要特别防止因放置不当而产生的变形，对于小件、易丢失的零件，应独立收起保管；

⑦ 对于拆卸的零部件，尽可能按照原来的状态放在一起，对成套或不能互换的零件要做好标记，放在一起，以免混乱，影响装配，甚至发生装配错误。

活塞式压缩机有冷却器、油水分离器、缓冲器等很多辅助设备，在这里只谈主机的拆装。

活塞式压缩机的种类很多，但其主机的基本结构大致相同，拆卸时一般按照图 5-7（无十字头）或图 5-8（有十字头）所示流程进行，即压缩机→气阀→气缸盖→十字头与活塞连接器→活塞组件→气缸体→中体→十字头→连杆→曲轴→机身。现以 L 形压缩机（图 5-9）、W 形（或立式）压缩机（图 5-11）为例，来介绍其拆装过程：

（1）L 形压缩机的拆卸

以图 5-9 所示 L 形压缩机为例，简述其拆卸过程。其拆卸过程如图 5-10 所示。手机扫

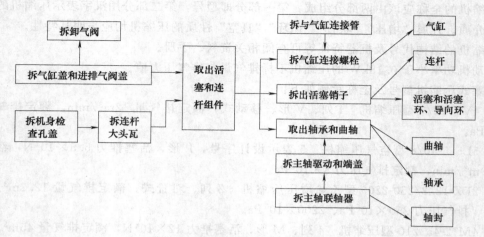

图 5-7　无十字头压缩机拆卸程序

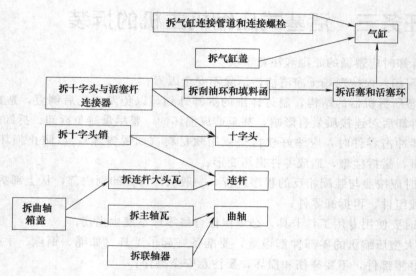

图 5-8　有十字头压缩机的拆卸程序

描二维码 M5-1 可以查看 L 形活塞式压缩机的拆卸。

图 5-9　3L-10/8 型活塞式压缩机的结构示意图

M5-1　L 形活塞式压缩机的拆卸

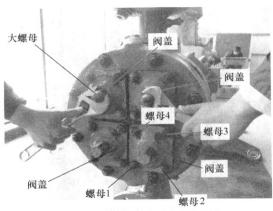

(a) 拆卸气阀阀盖(阀盖上的锁紧螺母等)

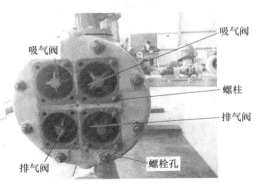

(b) 观察气阀在气缸盖上的位置

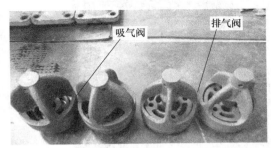

(c) 吸排气阀组件

(d) 拆去压罩的吸排气阀

(e) 拆卸气缸盖与缸体的连接螺栓

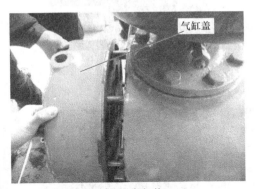

(f) 拆卸气缸盖

(g) 十字头视窗

(h) 活塞组件

图 5-10

(i) 十字头

(j) 十字头在滑道中的位置

(k) 十字头

(l) 视(油)窗(可观察连杆大头及充装润滑油)

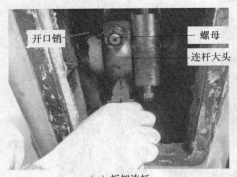

(m) 拆卸连杆

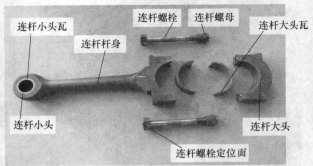

(n) 连杆组件

图 5-10　L 形压缩机二级气缸的拆卸

① 拆去进排气管线、减荷阀、冷却水管线、润滑油管以及中间冷却器,放掉曲轴箱内的润滑油;

② 拆下各级进、排气阀的阀盖,取出进、排气阀,测量活塞与气缸(或缸盖)之间的间隙(用压铅法);

③ 拆下二级气缸前盖;

④ 卸下活塞螺母，取出活塞，再卸下十字头螺母，取出活塞杆，然后把两者组装好，并安装上螺母，检测气缸的椭圆度、圆锥度、倾斜度，活塞杆、活塞环的磨损情况；

⑤ 吊住气缸，卸下气缸与机身连接螺母，卸下气缸，对于二级气缸还要卸下与支座连接的螺栓，然后卸下气缸，如无必要，可不必分拆成后缸盖与缸体两部分；

⑥ 拆卸十字头，先取下十字头销，再从十字头窗口处取出十字头，注意销轴不要碰撞，并检查其质量以及与十字头的配合间隙；

⑦ 卸下连杆螺母，取出连杆螺栓和连杆，取出连杆时要防止轴瓦脱落而摔坏，防止连杆掉入油箱中而损坏；

⑧ 拆下大带轮，拆下轴承压盖，取出曲轴，在拆卸曲轴时要配上与曲轴同重的配重，要缓慢、安全、保持平衡，要防止碰撞。

这样，一台压缩机就解体完毕。

（2）L形压缩机的装配

大型L形压缩机在装配时应从以下几方面入手：

① 装配前的准备工作

a. 准备好装配图纸、说明书等技术资料，并详细了解这些资料；

b. 装配前在现场必须准备好装配用的各种工具、夹具、量具以及与装配有关的材料和辅助用品；

c. 准备好起吊用的绳索等各种工具，起吊大件时绑拉位置要适当，注意安全，防止碰伤机件；

d. 把清洗好的零部件分组分类摆放在指定位置。

② 零件装配成部件

a. 曲轴与轴承的装配；

b. 连杆组合件的装配；

c. 十字头与机身导轨的装配；

d. 活塞组件的装配；

e. 气阀组件的装配（要做煤油渗漏实验）。

③ 压缩机的总装

a. 机身的安装找正（水平）；

b. 曲轴组合件与机身装配（要加配重，水平穿入，不得歪斜，垫铜垫敲击曲轴）；

c. 装配飞轮；

d. 曲轴与连杆组合件及连杆组合件与十字头的装配；

e. 填料函的组合装配；

f. 气缸体的装配；

g. 装配活塞组合件、气缸盖，测量前后止点间隙；

h. 装配气阀（注意吸、排气阀不得装反，以免造成事故）；

i. 吊装中间冷却器；

j. 整机检查。

此外，如果有条件，要进行试车与验收。

（3）认识W形压缩机

W形压缩机属于角度式压缩机的一种，多用于低压压缩，一般有三缸或六缸的形式，分两级压缩，多为单作用压缩机。因其气缸的布置形式呈角度式，有利于气阀的安装与布置，占用空间小，动力平衡性好。图 5-11 为其拆卸过程。

(a) W形压缩机整体(一)

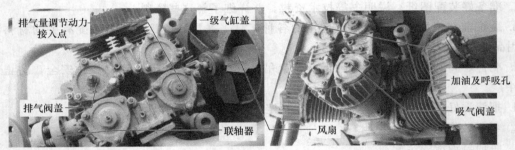

(b) W形压缩机整体(二)　　　　　(c) W形压缩机整体(三)

(d) 一级气体冷却器

(e) 视窗，观察口

(f) 二级气缸

(g) 俯视图

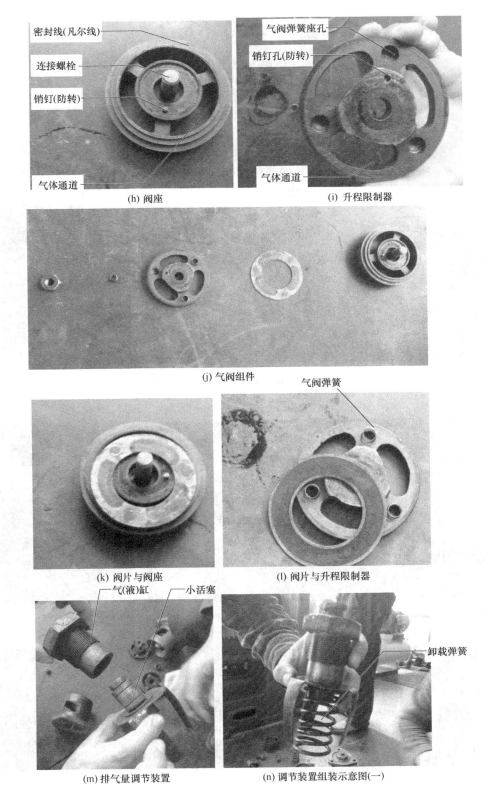

(h) 阀座

(i) 升程限制器

(j) 气阀组件

(k) 阀片与阀座

(l) 阀片与升程限制器

(m) 排气量调节装置

(n) 调节装置组装示意图(一)

图 5-11

吸气阀压罩

压叉

(o) 调节装置组装示意图(二)

气缸

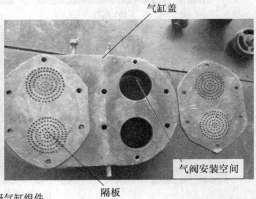

气缸盖

气阀安装空间

隔板

(p) 二级气缸组件

活塞销

活塞环

刮油环

(q) 活塞

(r) 机身

连杆

回油孔

回油孔

(s) 活塞与连杆

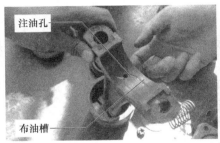
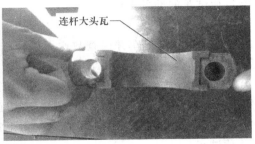

(t) 连杆组

(u) 连杆大头与大头瓦

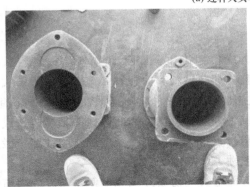

(v) 气缸(正反放置)

图 5-11　W 形活塞式压缩机的拆卸

（4）压缩机的试车

压缩机安装好后应进行试车，试车步骤如下：

1) 试车前的准备

① 全面复查压缩机各运动与静止部件的坚固及防松情况，调整支撑并加润滑油。

② 检查地脚螺栓在二次灌浆后是否牢固。

③ 复查各部件间隙，并盘动压缩机数转以检查运行是否灵活，有无障碍异常现象。

④ 检查润滑油的规格及各部的供油情况。

⑤ 打开冷却水管路上的阀门，应使水流畅通无阻，并无渗漏现象。

⑥ 准备工作未做好以前，应将电源切断，严禁启动电动机，以防发生意外。

2) 空负荷试车

① 空负荷试车的目的。

② 空负荷试车的准备工作。

③ 空负荷试车的步骤。

a. 瞬时启动后立即停车并检查数次，以仔细观察压缩机运转方向及各机构动作是否正常，若无异常，即合闸运转 5min，然后停车。

b. 第二次连续运转 30min，停车检查，一切正常。

c. 第三次连续运转 4~8h，停车检查，一切正常。

d. 第四次连续运转 24h，停车检查，一切正常。

3）负荷试车

① 负荷试车的目的。

② 负荷试车的方法与步骤。

a. 空气负荷试车。

b. 全负荷化工试车。

5.4　任务四　活塞式压缩机的维护

活塞式压缩机结构复杂，维护内容较多，主要有：

5.4.1　运动机构

运动机构包括曲柄、连杆、十字头。

（1）曲柄（曲轴）

曲轴是活塞式压缩机的重要运动部件之一。它负担传递全部驱动功率，并承受拉、压、剪切和扭曲等复合载荷。曲轴的基本形式有两种，即曲柄轴和曲拐轴，前者多用于旧式单列或双列卧式压缩机，已被淘汰。曲拐轴主要由主轴颈、曲臂、曲轴销、轴身和平衡铁组成。曲轴可用铸造或锻造方法制造。由于铸铁能做成各种复杂形状，因此铸造曲轴常铸造成空心结构。这样既可提高曲轴的抗疲劳强度，减轻机身重量，又可利用其空腔作为油路。锻造曲轴在轴上钻孔构成油道。平衡铁用于抵消部分惯性力，如图 5-12 所示。

在不与十字头和连杆相撞的前提下，应尽可能增大平衡铁外径和平衡铁厚度。平衡铁与曲臂一般用抗拉螺栓连接，也可在曲臂两侧加键，以减小螺栓受力。为防止松动，连接件应销死，铸造曲轴可将平衡铁与曲轴铸成一体。有些平衡铁制成燕尾形结构，使螺栓受力较小。

轴颈与曲臂连接处是曲轴最易断裂部位，因此要用圆角圆滑过渡以消除应力集中。圆角越大，粗糙度越低，则强度越高，抗疲劳强度越好。过渡圆角有椭圆过渡、台肩、内圆角和外圆角等形式。

曲轴的轴颈易产生磨损、擦伤和刮痕甚至变形，要从这里入手去进行维护修理，曲轴键槽磨后要采取加宽（不超过原厚 15%）或补焊后进行机加工；曲轴在使用中，会出现轴颈磨损、裂纹、擦伤、刮痕、弯曲变形以及键槽磨损等缺陷。

（2）连杆

连杆的作用是将曲轴的旋转运动转换为活塞的往复运动，同时又将作用在活塞上的推力传递给曲轴的部件。压缩机运行时，连杆受有拉伸和压缩的交变载荷，此外，由于连杆的摆动运动，它还受有本身的惯性力。连杆分为开式和闭式两种，闭式连杆大头与曲柄轴相连，

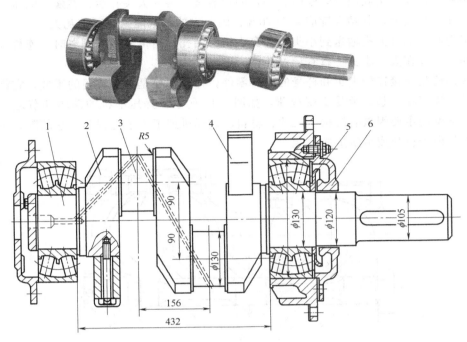

图 5-12　曲轴结构及曲轴上的油孔

1—主轴颈；2—曲柄；3—曲柄销；4—平衡铁；5—甩油圈；6—反向螺纹

这类连杆已很少使用。目前普遍使用开式连杆。

连杆如图 5-13 所示，连杆一端与曲轴相连，称为连杆大头，作旋转运动；另一端与十字头销（或活塞销）相连，称为连杆小头，作往复运动；中间部分称为连杆体，作摆动。通常，连杆大头中装有大头轴瓦，小头中有衬套。

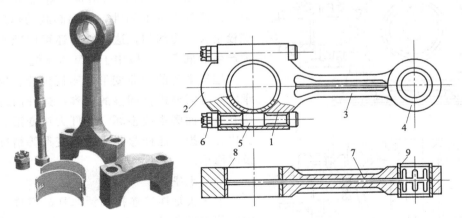

图 5-13　连杆结构

1—大头；2—大头盖；3—杆体；4—小头；5—连杆螺栓；6—连杆螺母；7—杆体油孔；8—大头轴瓦；9—小头轴瓦

连杆体截面形状有圆形、环形、矩形、工字形等。当强度相同时，工字形截面的运动质量最小，适于高速机。连杆大头通过螺栓与杆身连接，传递动力，连杆大头衬耐磨的轴瓦，轴瓦用巴氏合金浇铸而成。过去通常采用巴氏合金厚壁瓦，近年来国内外趋向于采用薄壁瓦，由于薄壁瓦与大头孔内径装配时有一定的过盈量，装入大头孔后，在螺栓的压紧力下使它紧贴于连杆大头上，其贴合度应大于 70%，因而它的承载能力比厚壁瓦大。

为了把润滑油自大头输送到小头，杆身中钻有油孔，当依靠飞溅润滑时，连杆大头盖上设有击油勺，并在大、小头上备有导油孔。

连杆螺栓是连接连杆大头和杆身的主要零件，连杆螺栓是十分重要的零件，它将连杆大头盖和杆身连接在一起，承受交变载荷，如图 5-14 所示，是压缩机的薄弱环节之一。影响连杆螺栓强度的主要因素有结构、尺寸、材料、选择机加工工艺过程等。它的断裂一般在应力集中部位由于材料疲劳所造成。

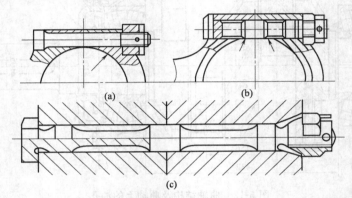

图 5-14　连杆螺栓结构形式

图 5-14 (a) 为等截面积螺栓，其疲劳强度较低。箭头所指的位置是结构的危险断面。图 5-14 (b) 是具有减小螺栓直径的弹性螺栓，它具有较高的疲劳强度，但凸台颈与螺栓杆的过渡处，容易产生较高的应力集中，应是光滑的圆弧过渡。凸颈与螺栓杆的连接，采用圆弧结构较好。图 5-14 (c) 的结构是螺母下端制成锥形，以降低下端的刚性，起到卸载的作用，可使螺栓全长受力均匀，这种结构还可以减小附加应力产生的危害，一般用于大型压缩机。

连杆本身的弯曲变形，连杆螺栓、轴瓦、轴承间隙是需要进行调整的内容；连杆出现连杆大头孔分界面磨损或损坏、连杆大头变形、连杆小头内孔磨损、连杆弯曲或扭曲变形等情况时，应及时修理。

（3）十字头

十字头是连接连杆和活塞杆的零件，具有导向和传力的作用。它在中体导轨里作往复运动，将连杆的动力传给活塞部件，对十字头的基本要求是重量轻、耐磨，并具有足够的强度。

十字头按连接连杆的形式分为开式和闭式两种，见图 5-15。开式十字头，连杆小头处于十字头体外，叉形连杆的两叉放在十字头体的两侧，

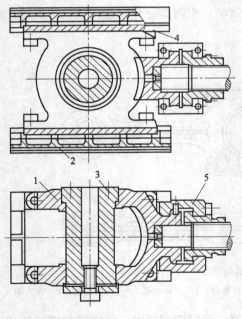

图 5-15　剖分式十字头结构
1—十字头体；2—滑履；3—十字头销；
4—垫片组；5—连接器

故叉部较宽，连杆重量大，开式十字头制造比较复杂，只用于拟降低压缩机高度的立式压缩机中。闭式十字头，连杆放在十字头内为闭式，闭式结构的十字头刚性较好，与连杆和活塞杆的连接较为简单，所以得到广泛的应用。

十字头体与滑履连接方式有整体式与剖分式两种。整体式结构简单，重量小，适用于高速小型压缩机，滑履磨损后，可重新浇注巴氏合金或更换一个十字头。剖分式可以调整十字头和活塞杆的同轴度，也可调整十字头和滑道的径向间隙，适用于大型压缩机，滑履磨损后，可直接用垫片调整间隙。

十字头销有圆锥形、圆柱形及一端圆柱一端圆锥形三种，十字头销为一重要零件，它传递全部连杆力，要求韧性好，耐磨和抗疲劳，它的材料常用20钢，表面渗碳、淬火。

注意滑道的磨损，与连杆连接的配合，滑道的润滑，滑道间隙的调整和修复。

5.4.2 工作机构

工作机构包括活塞、气阀和气缸等。

(1) 活塞组件

活塞组件包括活塞杆、活塞环、活塞，它是压缩机中压缩气体的部分，也是易损零件之一，特别是活塞环最易磨损，要针对活塞的结构类型、使用场所等，对活塞环进行维护。

① 活塞　活塞在气缸中作往复运动，起着压缩气体的作用，不仅要有足够的强度和刚度。还要定位可靠，重量轻，制造工艺性好。根据活塞与气缸构成的压缩容积不同，活塞分为筒形活塞（W形压缩机）、盘形活塞（L形压缩机）和级差活塞等。

a. 筒形活塞用于小型、无十字头的压缩机，通过活塞销直接与连杆小头连接，筒形活塞由顶部、环部和裙部三部分组成。

活塞顶部承受气体压力；活塞环部是安放气环和油环的部位；活塞裙部是导向和承受侧压力的部位。

b. 盘形活塞用于中低压压缩机，为减轻活塞重量，一般铸成空心，两端用加强筋连接以增加刚度。

c. 级差活塞，用于串联两个以上压缩机的级差式气缸中。其低压级下部有承压面，高压级活塞用球型关节与低压级活塞相连，使活塞能自由对中，当承压面磨损后，大活塞会相对球型关节自由落下，避免了大活塞压在小活塞上的情形。

② 活塞环　活塞环的常用材料有灰口铸铁、球墨铸铁、填充聚四氟乙烯等。环的断面一般为矩形断面，有的还将外圆面尖角倒0.5mm，以利于形成油膜，减少摩擦。活塞环的切口通常有三种：直切口、斜切口和搭接切口。

③ 活塞杆　活塞杆将活塞与十字头连接成一个整体，传递作用在活塞上的力，活塞靠活塞杆上的凸肩及螺纹用螺母固定在活塞杆上，活塞杆与活塞有三种连接方式。

a. 锥面连接（L形压缩机），见图5-16（a），这种结构拆装方便，活塞和活塞杆之间不需要定位销，但加工精度要求高，否则活塞杆与活塞连接不能紧固，也无法保证活塞杆与活塞的垂直度。

b. 圆柱凸肩连接，见图5-16（b），活塞通过活塞杆上的凸肩端面和螺母固定在活塞杆上，活塞与活塞杆的同心度靠圆柱面加工精度保证，活塞与凸肩的支撑表面要进行配研。

c. 弹性长螺栓连接，见图5-16（c），活塞用弹性长螺栓固定在活塞杆的凸肩上，其优点是，弹性螺栓的刚性小，所以可以减少活塞杆承受的交变载荷。高压级的活塞可以使凸肩

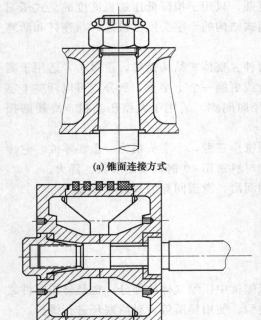

(a) 锥面连接方式

(b) 圆柱凸肩连接方式

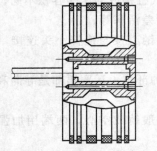

(c) 弹性长螺栓连接方式

图 5-16　活塞杆和活塞的连接方式

与活塞等直径，这样螺栓几乎不承受气体力，从而提高活塞杆的使用寿命。

（2）气阀

气阀包括吸气阀和排气阀，它们的正常工作是保证压缩机正常安全运转的关键，同时它属于易损件之一，要能判断气阀的结构形式、特点、易损零件、会组装、更换，会做渗漏试验。

气缸是形成压缩容积的主要部件，它必须具有足够的强度和刚度，工作表面要有良好的冷却、润滑和耐磨性，有尽可能小的余隙容积和阻力。结合部分的连接要牢固，密封可靠，制造工艺性好，装拆检修方便，符合系列化、通用化、标准化的要求以方便更换。

气阀的结构形式有两大类：一类称为强制阀，它的启闭是由专门的机构控制，而与气缸内压力变化无关；另一类称为自动阀，它的启闭主要由气缸和阀腔内气体压力差来决定。强制阀因为结构复杂，启闭时间固定，不适于变工况运转，故很少采用。绝大多数压缩机采用自动阀，所以我们只讨论自动阀。

自动阀有多种形式，如环状阀、网状阀、条状阀、舌簧阀、蝶阀和直流阀等。但所有的气阀主要由 4 部分组成，它们是：

① 阀座　它具有能被阀片覆盖的气体通道，是与阀片一起闭锁进气（或排气）通道，并承受气缸内外压力差的零件。

② 启闭元件　它是交替的开启与关闭阀座通道的零件，通常制成片状称为阀片。

③ 弹簧　是关闭时推动阀片落向阀座的元件，并在开启时抑制阀片撞击升程限制器（对于条状阀、舌簧阀和直流阀等结构，阀片本身具有弹性，并起弹簧作用，故二者合二为一）。

④ 升程限制器　是限制阀片的升程，并往往作为承座弹簧的零件。

环状阀，如图 5-17 所示，在我国压缩机中应用最广。因其阀片为简单的环片，制造方便；根据需要的流通截面积，其环数可以从一到八环不等。

环状阀的每个阀片都需要导向，一般由升程限制器上的凸台来完成，凸台在圆周上设有三四处，凸台与环片之间的导向面应采取滑动配合。环与凸台之间必然有摩擦，故气缸无油润滑压缩机中，导向凸台应采用自润滑材料，否则环状阀不适用。

由于环状阀各环阀片的弹簧力及气流推力不可能相同，故其运动也不可能完全协调一致，这在一定程度上影响压力损失，并且由于气流等因素的影响，环片在启闭过程中还能发生转动，加剧阀片的磨损，这是环状阀的缺点。

网状阀结构基本上和环状阀相同，但各环阀片以筋条连成一体，略呈网状故称网状阀，如图 5-18 所示，该图中自中心数起的第二圈上，将径向筋条铣出一个斜切口，同时在很长一段弧内铣薄（图中阴影部分）使之具有弹性。这样当阀片中心圈被夹紧，而外缘四圈作为阀片时，不需要导向块便能上下运动。网状阀片各环起落一致，且没有摩擦，对气缸无油润滑压缩机特别适合。

（3）气缸的分类和结构

气缸的结构形式按冷却方式分为风冷气缸与水冷气缸；按活塞在气缸中的作用方式分为单作用、双作用及级差式气缸；按气缸的排气压力分为低压、中压、高压、超高压气缸等。

一般说来，工作压力低于 60×10^5Pa 的气缸用铸铁制造，工作压力在 $(60\sim200)\times10^5$Pa 的气缸用稀土球墨铸铁或铸钢，更高压力的气缸用碳钢或合金钢锻造。

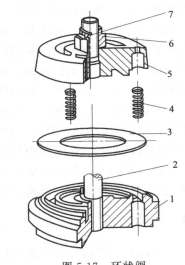

图 5-17 环状阀

1—阀座；2—连接螺栓；3—阀片；4—弹簧；
5—升程限制器；6—螺母；7—开口销

低压微型气缸多为风冷移动式空气压缩机采用。低压小型气缸，有风冷、水冷两种。W 形压缩机为风冷式单层壁气缸结构。大多数低压小型压缩机都采用水冷双层壁气缸，如图 5-19 所示。

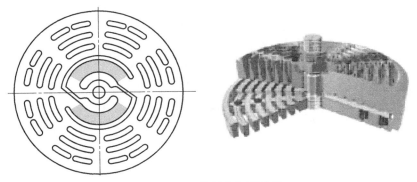

图 5-18 网状阀片与网状阀

低压中、大型气缸多为双层壁或三层壁（L 形压缩机）气缸。内层为气缸工作容积，中间为冷却水通道，外层为气体通道，它中间隔开分为吸气与排气两部分，冷却水将吸气与排气阀隔开，可以防止吸入气体被排出气体加热，填料函四周也设有水腔，改善了工作条件。

5.4.3 密封组件

为了密封活塞杆穿出气缸处的间隙，通常用一组硬质密封填料来实现密封。填料是压缩机中易损件之一。在压缩机中，常用的填料有金属、金属与

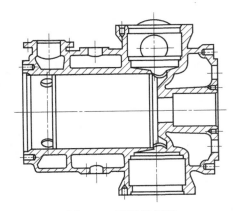

图 5-19 双层壁气缸

硬质填充塑料或石墨等耐磨材料。对填料的主要要求是：密封性好，耐磨性好，使用寿命长，结构简单，成本低，标准化、通用化程度高。

为了解决硬填料磨损后的补偿问题，往往采用分瓣式结构。在分瓣密封环的外圆周上，用拉伸弹簧箍紧，对活塞杆表面，进一步压紧贴合，建立密封状态。

硬填料的密封面有三个，它的内孔圆柱面是主密封面，两个侧端面是辅助密封面，均要求具有足够的精度、平直度、平行度和粗糙度，以保持良好的贴合。

压缩机中的填料都是借助于密封前后的气体压力差来获得自紧密封的。它与活塞环类似，也是利用阻塞和节流实现密封的，根据密封前后气体的压力差、气体的性质、对密封的要求，可选用不同的填料密封结构形式。

硬填料密封主要有两种形式，即平面填料和锥面填料。

5.4.4 滑动轴承

在压缩机中，曲轴与连杆之间是应用滑动轴承的一个点，在使用过程中易产生胶合、疲劳破坏、拉毛等多种损坏形式，对压缩机的运转有很大影响，要求能更换、刮研维修和调整轴承间隙。

对活塞式压缩机来说，维护修理的知识非常多，在这里仅做简单分析和说明，具体深入研究可查阅相关手册、资料。

第 6 章

离心式压缩机的安装与修理

　　离心式压缩机因其结构简单、排气量大、易于维护、适用范围广，而在化工厂中得到了广泛应用。它是利用压缩机内叶轮的高速旋转，使气体产生离心力而使其获得能量及压力，并输送气体的机械。为了使离心式压缩机正常运转，保证化工生产正常运行，对其维护是必不可少的。为此必须了解离心式压缩机的结构，对于技术人员必须懂得离心式压缩机的拆卸和装配以及主要零部件的维护。

　　（1）实训目的
　　① 认识离心式压缩机装置的组成；
　　② 能对维修车间的离心式压缩机进行拆装；
　　③ 能认识离心压缩机的各主要零部件；
　　④ 能对离心压缩机简单的零部件进行测绘。
　　（2）实训设备
　　离心式压缩机装置。
　　（3）实训内容
　　本项目实训内容主要是对化工设备维修车间各种类型的离心式压缩机进行拆卸和安装，以对其结构进行认识、比较、分析，并学习其各种相对位置关系及工作原理。
　　离心式压缩机是压缩和输送气体的一种机器，一般由驱动机（电机或汽轮机）、增速器、压缩机本体组成。压缩机本体包括转子、定子和轴承等部件。近几年来，我国从国外引进了大量离心式压缩机，它们主要应用在 30 万吨合成氨生产中。其中广泛使用的是水平剖分（中开式）离心式压缩机，图 6-1 为离心式空气压缩机总装配示意图，另一种是垂直剖分式结构（又称筒型）。由于它们的安装修理方法基本相同，下面仅介绍离心式空气压缩机安装修理工作中的一些主要问题。

6.1　任务一　离心式空气压缩机的拆卸

　　（1）增速器的拆卸
　　① 拆除主油泵和进、出油管。
　　② 打开增速器的箱盖，取出齿轮轴及轴承。
　　③ 从基座上吊开增速器箱座。
　　（2）压缩机的拆卸
　　① 拆掉气缸盖的所有附件。

② 气缸盖起吊前将导向杆拧入机座，起吊时必须垂直吊起并保持水平，不得使上盖有横向或纵向移动，以防碰坏叶轮。

③ 将气缸盖翻过来，使法兰面向上，取出轴瓦、推力块、隔板、导流体、进出口挡板及密封等，当导流体、隔板、进出口挡板取出困难时，不得直接敲打，要采取适当措施解决。

④ 拆除级间密封，垂直吊出转子，注意保持转子的水平状态。吊出后放在专用支架上。

⑤ 取出气缸底内的轴瓦、推力块等。

⑥ 从机座上吊开气缸底。

6.2 任务二 离心式空气压缩机的修理

(1) 离心式空气压缩机常见故障及其处理方法

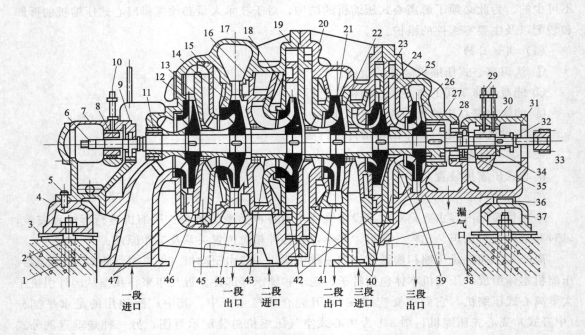

图 6-1 DA350-61 型离心式空气压缩机总装配图

1—锚板；2—地脚螺栓；3—斜垫板；4—前底座；5—圆柱销钉；6—转子主轴；7—前轴承座；8—径向轴承；9—前轴承座油封；10—导向柱；11—前气封（轴封）；12—第一级叶轮；13—第一级隔板；14—第二级隔板；15—第二级叶轮；16—第三级隔板；17—前气缸盖（蜗壳部分）；18—第三级叶轮；19—第四级隔板；20—中气缸盖；21—第四级叶轮；22—第五级隔板；23—后气缸盖；24—第六级隔板；25—第五级叶轮；26—第六级叶轮；27—平衡盘；28—后气封（轴封）；29—温度计；30—径向推力轴承（φ80）；31—后轴承座；32—卡箍；33—半齿轮联轴器；34—推力盘；35—后轴承座油封；36—导向键；37—后底座；38—后气缸底；39—隔板密封；40—第四、六级隔板的回流器；41—中气缸底（蜗壳部分）；42—第四、六级隔板的直壁形扩压器；43—气封轴套；44—前气缸底（蜗壳部分）；45—第一级隔板的回流器；46—弯道；47—第一、二级隔板的翼形扩压器

离心式空气压缩机常见故障及其处理方法见表 6-1。

表 6-1　离心式空气压缩机常见故障及其处理方法

故障	产生原因	消除方法
轴承温度过高，超过 65℃	①轴承的进油口节流圈孔径太小，进油量不足 ②润滑系统油压下降或滤油器堵塞，进油量减少 ③冷却器的冷却水量不足，进油温度过高 ④油内混有水分或油变质 ⑤轴衬的巴氏合金牌号不对或浇铸有缺陷 ⑥轴衬与轴颈的间隙过小 ⑦轴衬存油沟太小	①适当加大节流圈孔径 ②检修润滑系统油泵、油管或清洗滤油器 ③调节冷油器冷却水的进水量 ④检修冷油器、排出漏水故障或更换新油 ⑤按图纸规定的巴氏合金牌号重新浇铸 ⑥重新刮研轴衬 ⑦适当加深加大存油沟
轴承振动过大或振幅超过 0.02mm	①机组找正精度被破坏 ②转子或增速器大小齿轮的动平衡精度被破坏 ③轴衬与轴颈的间隙过大 ④轴承盖与轴瓦的瓦背间的过盈量太小 ⑤轴承进油温度过低 ⑥负荷急剧变化或进入喘振工况区域工作 ⑦齿轮啮合不良或噪声过大 ⑧气缸内有积水或固体沉积 ⑨主轴弯曲 ⑩地脚螺栓松动	①重新找正水平和中心 ②重新校正动平衡 ③减少轴颈与轴衬的间隙 ④刮研轴承盖水平中分面或研磨调整垫片，保证过盈量为 0.02～0.06mm ⑤调节冷油器冷却水的进水量 ⑥迅速调整节流蝶阀的开启度或打开排气阀或旁通闸阀 ⑦重新校正大小齿轮的不平行度，使之符合要求 ⑧排除积水和固体沉积物 ⑨校正主轴 ⑩把紧地脚螺栓
气体冷却器出口处温度超过 60℃	①冷却水量不足 ②气体冷却器冷却能力下降 ③冷却管表面积污垢 ④冷却管破裂或管与管板间配合松动	①加大冷却水量 ②检查冷却水量，提高冷却器管中水的流速 ③清洗冷却器芯子 ④堵塞已损坏管的两端或用胀管器将松动的管胀紧
气体出口流量降低	①密封间隙过大 ②进气的气体过滤器堵塞	①按规定调整间隙或更换密封 ②清洗气体过滤器
油压突然下降	①油管破裂 ②油泵故障	①更换新油管 ②检查油泵故障的原因并消除之

（2）离心式空气压缩机的检修

① 检修周期

检修类别	小修	中修	大修
检修周期/月	3	12	24

② 主要件的检查与修理

a. 增速器齿轮及轴　采用超声波探伤检查，对轮齿区及轴表面还应用磁粉或着色探伤检验，若有裂纹或白色即判废。轮齿损伤或磨损可采用局部更换法、焊修法等方法修理。轴颈根据磨损情况大小，选择修理尺寸法、电镀、焊修法等方法修理。如有弯曲可采用车床或矫直法修复。

b. 增速器箱座煤油试漏　箱座外表涂上白垩粉，箱座内装上煤油停放 4～6h，以不漏为合格。若有缝隙，可用黏结法、焊修法、补补丁等方法修复。

c. 转子　主轴应用超声波探伤、磁粉探伤，发现白点或裂纹即判废。主轴轴颈的圆度和圆柱度不大于 0.02mm。轴套及叶轮应无裂纹、冲蚀及严重磨损的痕迹。叶轮铆钉应无严重收缩。转子各部位的径向和端面跳动量应在允许值内（测量方法见离心泵的测量）。转子的直线度不大于 0.025mm/m。如转子有不均匀磨损或振动增大时，应做动平衡。如转子主轴弯曲可车削或矫直处理。但不管怎样，凡修理过的转子均应严格做动平衡。

d. 轴承　主轴瓦和止推瓦的轴承合金应结合良好，无气孔、夹渣、裂纹等缺陷，轴承磨损及间隙在允许值内。如磨损严重，间隙过大，必须用备件调换，旧瓦采用补焊或补铸修复。止推瓦块应能自由摆动、无卡死现象。

e. 隔板　检查扩压叶片与导流叶片的磨损情况，叶片与紧固螺钉有无松动及破裂现象。叶片有松动时，应重新予以紧固，叶片磨损严重或有破裂时，应予以更换。

f. 密封　检查密封齿的情况，有无损坏和碰伤，必要时用备件调换。

6.3　任务三　离心式压缩机机组的安装

离心式压缩机机组的安装因驱动机不同其程序有所区别。驱动机为汽轮机的离心式压缩机一般称透平压缩机，安装时常以汽轮机为基准，但也有以大型增速器或机组中间位置的某段缸为基准的。对于由电动机、增速器和压缩机组成的离心式压缩机机组，整个机组的安装基准是增速器。所以安装程序是先安装好增速器，然后以增速器齿轮轴中心线为基准，来找正压缩机和电动机的中心线，使整个机组的中心线在垂直面上投影能成为一条连续的曲线，这样才能保证机组的正常工作。机组的安装有整机安装和解体安装两种。下面介绍整机安装的安装工艺：

① 增速器的装配。

a. 对各零件进行认真清洗和检查，要求各零件无损伤、油路畅通。

b. 轴承的装配，应注意增速器轴承所受径向载荷及轴向载荷对轴承装配提出的特殊要求。注意大小齿轮轴承的受力方向和接触情况。

c. 齿轮—轴的装配，技术指标按机器安装的说明书或《设备维护检修规程》规定进行。

d. 增速器的齿轮和轴承进行上述各项检查和调整时，须将全部数值记录整理好，经有关部门审查同意后，方可盖增速器箱盖。

盖箱盖前，应彻底清洗增速器箱体内腔，并检查向齿轮副和联轴器供油的喷油装置，检查各轴承进出口油孔是否畅通，然后在齿轮啮合面和轴颈上浇以透平油，并拧紧轴承盖。最后，在箱座法兰接合面上涂以酚醛树脂清漆（电木漆），再将箱盖盖上。箱盖盖上后，装入定位销，随即将轴承盖侧的箱盖螺栓对称拧紧，再对称地拧紧箱盖法兰接合面上的其他螺栓。

② 压缩机的装配。

a. 认真清洗检查气缸盖、气缸底、气封及隔板有无缺陷，特别是检查叶轮上的固定铆钉是否松动，轴瓦推力块、油封是否符合要求，各油孔位置是否相吻合等。

b. 转子的组装。轴套和叶轮都是过盈装到轴上的，可以采用加热装配。在装配转子上其他零件时，叶轮和轴套，轴套和轴肩处，应留一定的热胀间隙。此间隙一般为 0.15～0.3mm。最后应严格进行动平衡试验。

c. 隔板、级间密封、轴衬清洗干净，在其止口涂上拌有石墨的机油，装入气缸内。

d. 径向推力轴承的装配。

e. 转子的安装与轴承的调整应反复进行，以求最好的效果。转子吊进吊出时应垂直起吊，并保持转子两端始终处于水平。

f. 气缸盖的装配。检查压缩机气缸盖法兰接合面，将接合面清理干净，将气缸盖盖上，在不紧固螺栓的自由接合情况下，接合面间隙不允许超过 0.12mm，否则要锉研修理。

③ 增速器就位。

④ 压缩机和电动机的安装。

6.4　任务四　离心式压缩机的试车

以 DA359-61 型离心式空气压缩机机组为例介绍其试车。

（1）机组试车的目的

① 检验和调整整个机组的技术性能，解决设计、制造和安装过程中存在的问题。

② 检验和调整机组各部分的运动机构，使其达到良好的跑合。

③ 检验和调整机组电气、仪表自动控制系统及其附属装置的正确性与灵敏性。

④ 检验机组的振动情况，固定机组和管路的振动部分。

⑤ 检验机组润滑系统、冷却系统、工艺管路系统及附属设备的严密性，并进行吹净。

（2）机组试车的步骤

① 润滑系统的试车

② 电动机的试车

③ 电动机与增速器的联动试车

④ 压缩机的无负荷试车

⑤ 压缩机的负荷试车

M6-1　离心式压缩机的结构

图 6-2 为实训室单级离心式压缩机的结构示意。手机扫描二维码 M6-1 可以查看离心式压缩机的结构。

(a) 下机壳

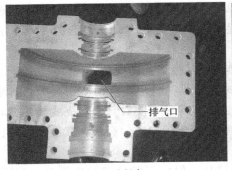

(b) 上机壳

(c) 叶轮与轴

图 6-2　离心式压缩机的结构示意

第 7 章

换热器的拆装实训

(1) 实训目的

① 认识换热器装置的组成；

② 能对维修车间的换热器进行拆装；

③ 能认识换热器的各主要零部件；

④ 能对换热器简单的零部件进行测绘。

(2) 实训设备

浮头式换热器、U 形管式换热器、填料函式换热器、固定管板式换热器。

(3) 实训内容

本项目实训内容主要是对化工设备维修车间各种类型的换热器进行拆卸和安装，通过对不同形式的换热器的结构进行认识、比较、分析，并分析其各主要零部件的相对位置关系及工作原理。

换热设备是石化企业不可或缺的关键设备，本项目是通过对管壳式换热器拆卸和结构分析，学习其工作原理和特性。

7.1 任务一 认识换热器

7.1.1 换热器的应用

换热器，又称热交换器，是进行热交换操作的通用工艺设备，换热器是许多工业部门广泛应用的通用工艺设备。

(1) 换热器的分类

① 按工艺过程或热量回收用途分，换热设备可以分为加热器、冷却器、蒸发器、再沸器、冷凝器、余热锅炉等。通常，在炼油、化工装置中，换热器约占设备总数的 40%，占总投资的 30%～45%。

② 按结构类型分，可分为管式换热器、板式换热器及其他形式的换热器。

③ 按换热方式分，可分为间壁式换热器、蓄热式换热器、混合式换热器三大类。其中间壁式换热器用量最大。间壁式换热器又可分为管壳式和板壳式两类，其中管壳式换热器具有高度的可靠性和广泛的适应性，及在长期的操作过程中积累了丰富的经验，其设计资料比较齐全，在许多国家都有了系列化标准。

近年来尽管管壳式换热器也受到了新型换热器的挑战，但由于其具有结构简单、牢固、操作弹性大、应用材料广等优点，目前仍是化工、石油和石化行业中使用的主要类型换热器，尤其在高温、高压和大型换热设备中仍占有绝对优势。在实训室内有 U 形管式、浮头式、固定管板式等列管式换热器，还有板式换热器。它作为化工设备的一种，在化工厂中得到了广泛的应用，对它的工作原理、结构特点和拆卸安装的了解是非常必要的。

本教材主要介绍间壁式换热器中的列管式换热器。

（2）间壁式换热设备的结构特点

间壁式换热设备冷热流体被一固体壁面隔开，互不接触，通过壁面进行传热，这种换热设备使用最广，常见的有管式和板面式。

① 管式换热设备：管式换热设备具有结构坚固、操作弹性大和使用材料范围广等优点。尤其在高温、高压和大型换热设备中占有相当优势。从结构上看，此类换热设备还可以细分为蛇管式、套管式和列管式等。

② 板面式换热设备：这类设备是通过板面进行传热的。按照传热板面的结构形式可分螺旋板式、平板式、板翅式、板壳式和伞板式等。

（3）换热器应满足的基本要求

为了使换热设备高效经济地运行，更好地服务于生产，一台完善的换热设备应该满足以下基本要求。

① 能实现所规定的工艺条件——工艺性；

② 结构设计合理、传热效果好、传热面积大、流体阻力小——先进性；

③ 设备的强度、刚度、稳定性足够，运行安全可靠——可靠性；

④ 便于制造、安装，维修方便，操作简单——合理性；

⑤ 节省材料、价格便宜，经济合理——经济性。

7.1.2 管壳式换热器结构

如图 7-1 所示，管壳式换热器是目前用得最为广泛的一种换热器，它种类很多，主要部

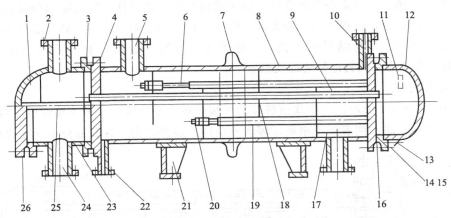

图 7-1 换热器构件名称

1—管箱（A、B、C、D 型）；2—接管法兰；3—设备法兰；4—管板；5—壳程接管；6—拉杆；7—膨胀节；
8—壳体；9—换热管；10—排气管；11—吊耳；12—封头；13—顶丝；14—双头螺柱；15—螺母；
16—垫片；17—防冲板；18—折流板或支承板；19—定距管；20—拉杆螺母；21—支座；
22—排液管；23—管箱壳体；24—管程接管；25—分程隔板；26—管箱盖

件有管箱、壳体、管板、管束、折流挡板、封头、支座等。它们的共同特点是在圆筒形壳体中放置了由许多管子组成的管束，管子的两端采用胀接或焊接或胀、焊结合的方式固定在管板上，管子轴线与壳体轴线平行，封头、壳体上装有流体的进出口接管。其典型结构主要有以下几种：

(1) 固定管板式换热器 (图 7-2)

固定管板式换热器的管端以焊接或胀接的方法固定在管板上，两端的管板与壳体以焊接的方法固定连接。它的典型部件是膨胀节。与其他类型的管壳式换热器相比，结构简单。由于没有壳侧密封件，当壳体直径相同时，可以安排更多的管子，在有折流板的流动中短路流动减少，管程可以分成任何程数，因两个管板由管子互相支撑，故在各种管壳式换热器中，它的管板最薄，制造成本较低。由于不存在弯管部分，管内不易积聚污垢，即使产生污垢也便于机械清洗和化学清洗。如果管子发生泄漏或损坏，也便于堵管或换管。但管子外表面无法进行机械清洗和检查，因而壳程不适宜处理脏的或有腐蚀性的介质。更主要的缺点是由于管束和管板与外壳的连接均为刚性，当壳体与管子的壁温或材料的线胀系数相差较大时，在壳体与管中将产生很大的温差应力。以致管子扭弯或从管板上松脱，甚至损坏整个换热器。

为了减少温差应力，可以在壳体上设置膨胀节，利用膨胀节在外力作用下产生较大变形的能力来降低管束与壳体中的温差应力。常采用的形式有 U 形的、平板形的和 Ω 形的几种。为了减少壳程中的流体阻力，避免流体走旁路，减少膨胀节的磨损，在膨胀节内侧常加一衬筒，在衬筒迎着来流的一端与壳体焊接，另一端自由

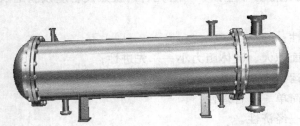

图 7-2　固定管板式换热器

伸缩，卧式设备上的膨胀节，最低点要有排液孔。一般平板式膨胀节挠性差，只适用直径小、应力不大的场合。带膨胀节的设备，由于结构简单，造价低，能消除部分温差应力，但受膨胀节强度的限制，壳程压力不能太高。因此，只能用于壳程压力不高、温差不大或不太大、壳程介质清洁、不易结垢的场合。当管子与壳体的壁温差大于 70℃ 和壳程压力超过 0.6MPa 时，应考虑采用其他结构的换热器。

(2) 浮头式换热器

如图 7-3、图 7-4 所示，浮头式换热器的一端管板由螺栓固定，另一端管板能自由移动。当管束与壳体伸长时，两者互不牵制，因而不会产生温差应力。浮头部分由浮头管板、钩圈

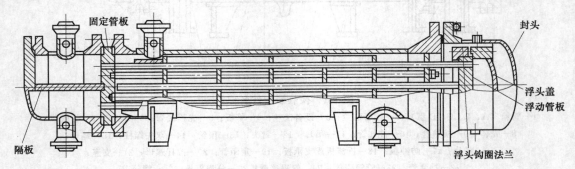

图 7-3　浮头式换热器

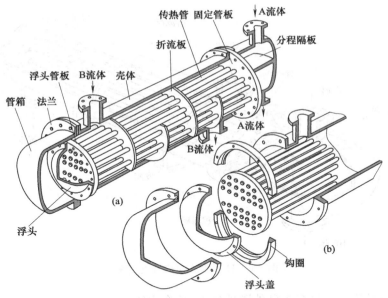

图 7-4 浮头式换热器剖面图

与浮头端盖相连，是可拆卸连接，容易抽出管束，管内、管外都能进行清洗，便于检修。

浮头管板的外径小于壳体内径，两直径之差应尽量小，但不能小于 10mm，这样，既便于抽出管束，又不致造成过多的旁路间隙。钩圈一般采取对开的形式，以便于装拆，且结构紧凑。管板外径与钩圈内径的间隙控制在 0.2～0.4mm 之间，当螺栓上紧后，间隙就消失，管板对钩圈便可起到支撑和加固作用，保证密封的可靠性。此类换热器的缺点是结构较固定管板式换热器复杂，造价高，若浮头处发生泄漏，则不易检查处理，它适用于温差较大或壳程介质易结垢的场合。

（3）U 形管式换热器

如图 7-5、图 7-6 所示，U 形管式换热器的结构特点是，换热管被弯制成 U 形，管的两端固定在同一管板上，管板与壳体采用法兰连接，并省去了一块管板和一个管箱。因管束与壳体是分离的，在受热膨胀时，彼此间不受约束，因而消除了温差应力，但在生产中仍应避免因管程温度的急剧变化而产生的应力集中，致使管子与管板的密封失效引起泄漏，特别是采用管板与管子胀接方式连接的 U 形管换热器要尽量避免干烧。由于管束可以从壳体中抽出，管外清洗方便，但管内清洗困难，故最好不让易结垢的物料从管内通过。

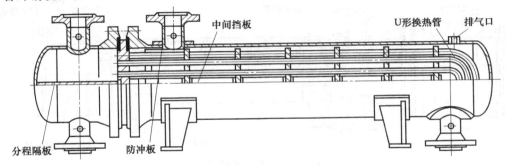

图 7-5 U 形管式换热器

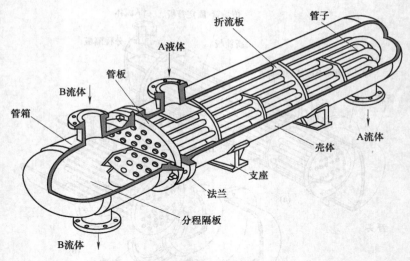

图 7-6　U 形管式换热器剖面图

当管子泄漏损坏时，只有管束外围处的 U 形管才便于更换，而且必须同时卸去两段直管。由于受弯管加工的影响，弯管的外侧管壁较薄，故承受的压力较差。U 形管的自振频率比与其展开长度相同的直管的自振频率低，故在横向流中更容易激起振动。此外，在弯管时，必须保证一定的曲率半径，因此，在管束的中央部位存在较大的空隙对传热不利，往往通过装一纵向隔板，提高壳程流速，使流体逆流方式进行热量交换。

U 形管式换热器只有一块管板支承全部管束，因此相同壳体内径的管板，其厚度要大于其他形式。管束中部的管子不能更换，管子本身泄漏后，要对管子的两端堵管，管子报废率较直管大一倍，其造价比固定管板式换热器高 10% 左右。但其便于装拆，结构简单，能耐高温、耐高压，可用于温差变化很大、高温或高压的场合。

（4）填料函式换热器

填料函式换热器有两种，一种是在管板上每根管子的端部都有单独的填料函密封，以保证管子的自由伸缩。当换热器的管子数目很少时，才采用这种结构，但管距要比一般换热器要大，结构复杂。另一种是在列管的一端与外壳做成浮动结构，在浮动处采用整体填料密封，结构较简单，但此种结构不宜用在直径大、压力高的情况。填料函式换热器如图 7-7 所示。

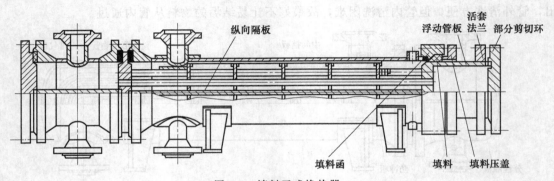

图 7-7　填料函式换热器

填料函式换热器的优点是结构较浮头式换热器简单。制造方便，耗材少，造价也比浮头的低；壳体和管束热变形自由，不产生热应力；管束可从壳体内抽出，管束、管间均能进行清洗，维修方便。

填料函式换热器的缺点是填料函耐压不高；填料函处形成动密封，壳程介质易通过填料函泄漏；壳程介质温度和压力不能过高；对易燃、易爆、有毒和贵重的介质不适用。

填料函式换热器通常只适用于低压和小直径场合。

（5）釜式重沸器

重沸器是管壳式换热设备的一种特殊形式，在炼油厂中，安装在某些精馏塔底用来加热塔底流体，使之部分汽化，返回精馏塔中，作汽相回流以达到精馏目的。加热剂一般用高压饱和水蒸气，有时也利用流程中其他高温流体的余热。重沸器分为热虹吸重沸器和釜式重沸器。

釜式重沸器如图7-8所示。这种换热器的管束可以为浮头式、U形管式和固定管板式结构。在结构上与其他换热器不同之处在于壳体上设置一个蒸发空间，蒸发空间的大小由产汽量和所要求的蒸汽品质决定，产汽量大、蒸汽品质要求高，则蒸发空间大，否则可小些。这种换热器与浮头式、U形管式换热器一样，清洗维修方便，可处理不清洁、易结垢的介质，并能承受高温、高压。

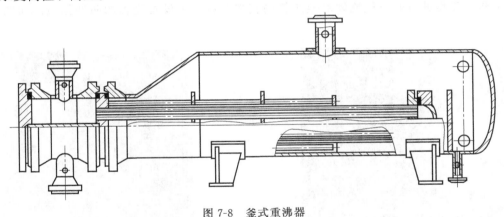

图 7-8 釜式重沸器

7.2 任务二 换热器的拆卸与检查

现在以浮头式换热器为例，介绍其结构及拆卸过程。

7.2.1 浮头式换热器结构

如图7-9所示，浮头式换热器结构是炼厂普遍的传热设备。主要组合部件有前端管箱、壳体和后端结构（包括管束）三部分。实训室内的浮头式换热器是列管式、双管程、单壳程换热器。其结构特点如下：

（1）补强圈

依GB 150—2011中规定，开孔超出不另行补强的条款时，需对接管等部位进行补强。满足等面积法开孔补强计算的适用条件，可用等面积法进行计算补强。如图7-10所示。

补强主要有局部补强、整体补强两种形式，本壳体采用补强圈补强结构。

图 7-9 浮头式换热器外形

（2）防冲板

为防止壳程进口处壳程流体对换热管的直接冲刷，可设置壳程的防冲挡板。如图 7-11 所示。

图 7-10 接管与补强圈

图 7-11 防冲板

（3）折流板

设置折流板是为了提高壳程介质流速，增加湍动，强化传热，减少结垢的作用。对于卧式换热器，折流板还具有支撑管束的作用。如图 7-12 所示。

（4）排液孔与放气孔

为提高换热器的传热效率、排放或回收工作残液（气），可在壳体和管箱的最高点、最低点设置放气孔或排液孔。接管必须与壳体或管箱壳体内壁平齐，尺寸一般不小于 $\phi 15mm$。如图 7-13 所示。

（5）拉杆和定距管

固定折流板或支持板，使两板保持一固定的距离，拉杆的布置尽量布置在管束的外边缘，对于大直径换热器，在布管区内或靠近折流板缺口处应布置适当数量的拉杆，对于任何

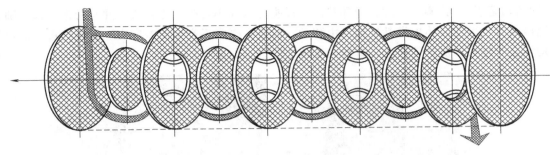

(a) 圆盘-圆环形折流板

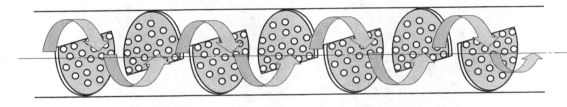

(b) 弓形折流板

图 7-12 折流板

折流板应不少于 3 个支撑点。

（6）隔板

一般布置于管箱中，用于分程，可采用焊接或可拆连接，隔板回流端的改向通道面积应大于折流板的缺口面积，如图 7-14 所示。

（7）管箱

接纳进口管来的流体，并分配到各换热管内，或汇集由换热管流出的流体，将其送入排出管输出。如图 7-14 所示。

图 7-13 排液孔与放气孔

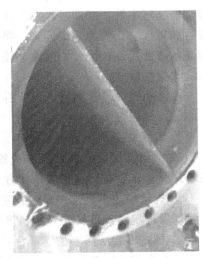

图 7-14 管箱和隔板

（8）浮头

把浮动管板及与其连接的小封头（即浮头盖），统称为浮头。浮头一侧结构由浮头管板

（即活动管板）、钩圈（一对，半环状）和浮头盖（即小封头）等组成，并与管束一起，随着温度的变化可在壳体内沿其轴向自由移动，故管、壳间不产生温差应力。管程的进、出口管均设在非浮头一侧的管箱上，管程为 2 或 4 管程。如图 7-15 所示。

图 7-15　浮头

7.2.2　浮头式换热器的拆卸

（1）拆卸流程

做好拆卸前的准备：准备工作是冷换设备拆装的前提。准备不周，将会导致整个拆装实训环节的失败。因此，应充分注意现场勘察摸底、人员分工明确、工具材料备齐备足备准、安全事项落实等，拆卸过程按下述流程进行：设备符合安全拆卸条件→脚手架搭设、保温拆除、加盲板→相关的连接拆除、换热器解体→换热器清扫、清洗及修前检查→缺陷修复→换热器各部件回装及试压，附属管线、保温的恢复及验收。手机扫描二维码 M7-1 可以查看 U 形管式换热器的拆卸。

以浮头式换热器为例，说明拆卸过程。

（2）拆卸前的准备

① 确定任务要求和人员分工。

② 了解待拆装的换热器的关键参数，查阅上次拆装资料和有关图纸，准备好拆装作业规程和吊装作业方案。

③ 确认换热器内部介质置换清扫干净，符合安全检修条件。

现场环境已经落实，对起吊设施进行检查，应符合安全规定。

④ 备齐拆装所需要的零配件和相应的材料。

拆装专用的设备和施工机具和经检验合格的量具、器具已备齐，并进入现场。

备齐检修所需要的零配件。

（3）拆卸现场的前期处置

搭设脚手架。

M7-1　U 形管式
换热器的拆卸

换热器法兰部位的保温、管箱上的保温、管道法兰保温拆除。

加盲板：松开管线上法兰的螺栓到能进入盲板的程度；拆掉上面的一半螺栓；加入盲板并对正；穿入其他的螺栓，并对称紧固。

（4）相关的连接拆除、换热器解体

拆卸换热器进出口管线上的仪表附件连接件。

拆除换热器进出口阀门：选定吊装及固定倒链锚固点；将换热器进出口管线进行固定；用力矩扳手拆卸管箱与阀门、阀门与管线连接法兰螺栓；法兰螺栓拆卸时须对称分两轮进行，首轮松开 1/4～1/2 圈；将阀门吊至平台或地面进行存放；连接管箱接管法兰的管线应离开管箱接管法兰约 50mm；拆出的部件整齐摆放，敞开的管口及时用塑料膜封闭保护。

拆卸管箱 ：在管箱正上方选择合适的吊耳或承重部位挂倒链吊住管箱。在管箱法兰和管束的固定管板侧面对应位置做标记。对称拆卸管箱法兰螺栓；拆至剩 4 条螺栓为止，即上部 2 条，左右定位螺栓各 1 条，其他螺栓须抽出；用倒链吊住管箱；继续拆卸剩余的 4 条螺栓，卸 1 条抽 1 条，以避免磕伤槽面；将卸下的管箱放在不妨碍工作的空地上。

拆卸大小浮头 ：大小浮头即外头盖（大锅）和浮头（小锅），对称拆卸浮头法兰螺栓；拆至剩 4 条螺栓为止，即上部 2 条，左右定位螺栓各 1 条，其他螺栓须抽出；用倒链吊住大浮头；继续拆卸剩余的 4 条螺栓，将卸下的物件放在不妨碍工作的空地上。

抽出芯子：先将固定管板和壳体法兰拉开一小段距离，离开时，要注意芯子与壳体的间隙均匀，不许强力抽芯；利用抽芯机缓慢地抽出芯子；芯子抽出后吊装运输到空地上，用枕木垫好芯子；吊装过程中所使用吊索必须为尼龙绳。

对于没有专用抽芯机时，可使用倒链和枕木将管束从浮头端向管箱侧顶出，使管束固定管板侧伸出 1～2m；抽芯过程中注意保持芯子水平，随时检查，防止倒链过载倾覆，防止碰擦伤管束的外表及管板密封面。防止碰伤其他设备和检修人员。

在进行上述工作中要随时检查，防止吊具过载，防止碰擦伤管束、管束固定管板的密封面及浮动管板密封面，管箱（及隔板槽）、外头盖（大锅）、浮头（小锅）的外表面和各密封面。防止碰伤操作人员及其他设备。

拆卸后对换热器清洗检查。

换热器基础上对壳体采用机械或人工清洗；在专用检修场地对管束、管箱、大浮头、小浮头进行检修清洗。清洗时必须严格防止含油污水外流造成二次污染。

检查管束畅通情况。

对壳体、管束及内构件进行腐蚀、裂纹、变形、鼓包、壁厚减薄宏观检查等。

（5）换热器回装

浮头式换热器的装配过程与其拆卸顺序相反，但应注意：

① 各个连接螺柱应抹上黄油或机油，以防锈蚀。

② 在管板上的开槽部位与管箱上的隔板的方向应一致，螺柱与法兰上的螺栓孔应对齐，不允许有歪斜现象，注意螺柱应对角拧紧。顺序加力，以防个别螺柱受力过大而破坏。

③ 注意保证装配质量，否则须拆卸后重新装配。

最后，附属管线、保温的恢复。

第 8 章

塔设备拆装实训

（1）实训目的

① 认识塔器的组成。

图 8-1 汽提塔

② 通过对汽提塔的拆装，了解塔的内部构造。

③ 通过观察内部结构，分析塔设备的工作过程。

④ 对塔盘进行拆卸和安装，了解塔设备检修流程。

（2）实训设备

汽提塔（图 8-1）、填料塔、典型塔节等。

（3）实训内容

本项目实训内容主要是在学院的汽提塔装置上进行，通过实训对一个塔设备及其附属设备有一个了解，其中主要进行塔盘的拆装，在拆装塔盘操作的全过程中了解其结构、组成、工作原理，分析其各主要零部件的拆装方法和作用。

在石化企业，最引人注目的设备就是高高耸立的塔，塔设备一般外形庞大，设备直径可达十几米，高度可达几十米，质量可达几百吨，对于塔设备，应该了解其作用、类型、结构特点、工作过程，掌握塔设备应满足的基本要求。

8.1 任务一 塔设备应用与结构

（1）塔设备的用途

塔设备的作用是通过其内部构件为气-液相或液-液相之间进行充分接触提供适宜的条件，即充分的接触时间、分离空间和传质传热的面积，从而达到相际间质量和热量交换的目的，实现工艺所要求的生产过程，生产出合格的产品。通过塔设备完成的单元操作通常有：精馏、吸收、解吸、萃取等。

（2）对塔设备的要求

由于传质过程工艺条件的差异，为了使塔设备能更有效、更经济地运行，除了要求它满足特定的工艺条件（如压力、温度、耐蚀性）外，还应考虑以下要求。

① 工艺性能好 塔设备结构要使气、液两相尽可能充分接触，具有较大的接触面积和分离空间，以获得较高的传质效率。

② 生产能力大 在满足工艺要求前提下，塔截面上单位时间内物料处理量大。

③ 操作稳定性好 当气液负荷产生波动时，仍能维持稳定、连续操作，且操作弹性好，即有较强的适应性和宽的操作范围。

④ 能量消耗小 要使流体通过塔设备时产生的阻力小、压降小，热量损失少，以降低塔设备的操作费用。

⑤ 结构合理 塔设备内部结构既要满足生产的工艺要求，又要结构简单、便于制造、检修和日常维护。

⑥ 选材要合理 塔设备材料要根据介质特性和操作条件进行选择，既要满足使用要求，又要节省材料，减少设备投资费用。

⑦ 安全可靠 在操作条件下，塔设备各受力构件均应具有足够的强度、刚度和稳定性，以确保生产的安全运行。

（3）**塔设备的结构**

塔设备尽管其用途各异，操作条件也各不相同，但就其构造而言都大同小异，主要由塔体、支座、内部构件及附件组成。根据塔内部构件的结构可将其分为板式塔和填料塔两大类。在这里主要介绍板式塔。

在板式塔中装有一定数量塔盘，液体借自身重量自上而下流向塔底（在塔盘板上沿塔径横向流动），气体靠压差自下而上以鼓泡的形式穿过塔盘上的液层升向塔顶。在每层塔盘上气、液两相密切接触，进行传质（将物质借助于分子扩散的作用从一相转移到另一相的过程称为传质过程），使两相的组分浓度沿塔高呈阶梯式变化；填料塔中则装填一定高度的填料，液体自塔顶沿填料表面向下流动，作为连续相的气体自塔底向上流动，与液体进行逆流传质，两相组分浓度沿塔高呈连续变化。塔设备的主要零部件有：

① 塔体：塔体是塔设备的外壳，通常由等直径、等壁厚的钢制圆筒和上、下椭圆封头组成。

② 支座：支座是塔体与基础的连接部件。塔体支座的形式一般为裙式支座。

③ 塔内件：板式塔内件由塔盘（图 8-2）、降液管、溢流堰、紧固件、支承件及除沫装置等组成。

④ 接管：为满足物料进出、过程监测和安装维修等要求，塔设备上有各种开孔及接管。

⑤ 塔附件：塔附件包括人孔、手孔、吊柱、平台、扶梯等。

在这里重点介绍完成传质传热的塔盘的结构。

浮阀塔盘：浮阀塔塔盘结构的特点是在塔板上开设有阀孔，阀孔里装有可在适当范围内上下浮动的阀片（称为浮阀）。浮阀塔操作时，蒸气自阀孔上升，顶开阀片，穿过环形缝隙，以水平方向吹入液层，形成泡沫。浮阀能够随着气速的增减在相当宽的气速范围内自由调节、升降，因而可适应较大的气相负荷的变化，如图 8-2（a）所示。

浮阀塔盘由于其综合性能优良，又无特别明显的不足，因而在炼油、化工生产的塔设备中得到了广泛的应用。

舌形塔盘：舌形塔属于喷射形塔，舌形塔板的气体通道是按一定排列方式冲出的舌片孔。舌片与板面成一定角度（有 18°、20°、25°三种），向塔板的溢流出口侧张开。如图 8-2（b）所示。

　　泡罩塔盘：泡罩塔是工业上使用最早（1813年）的气-液传质设备之一，泡罩塔盘由塔板、泡罩、升气管、降液管（溢流管）和溢流堰等构成。它是在塔盘板上开许多圆孔，每个孔上焊接一个短管，称为升气管，管上再罩一个"帽子"，称为泡罩，泡罩有圆形和条形两大类，但应用最广泛的是圆形泡罩。圆形泡罩的直径有 $\phi80mm$、$\phi100mm$ 和 $\phi150mm$ 三种，其中前两种为矩形齿缝，$\phi150mm$ 的圆形泡罩为敞开式齿缝，泡罩在塔盘上通常采用等边三角形排列，中心距一般为泡罩直径的 1.25～1.5 倍。两泡罩外线的距离保持 25～75mm 左右，以保持良好的鼓泡效果。如图8-2（c）所示。

(a) 浮阀塔盘

(b) 舌形塔盘

(c) 泡罩塔盘

(d) 筛板塔盘

图 8-2　塔盘结构

　　筛板塔盘：筛板塔的塔盘为一钻有许多孔的圆形平板，筛板分为筛孔区、无孔区、溢流堰及降液管等部分，筛孔直径一般为 3～8mm。优点是结构简单，加工维修方便，造价低；缺点是操作稳定性差，易漏液，当介质黏性较大或杂质较多时，筛孔易堵塞。如图8-2（d）所示。

　　导向筛板塔盘：在普通筛板塔的基础上改进而成。特点是：在塔盘上开有一定数量的导向孔，通过导向孔的气流与液流方向一致，对液流有一定的推动作用，有利于推进液体并减小液面梯度；在液体入口处增设鼓泡促进器，有利于液体鼓泡，形成良好的气液接触条件，提高塔板利用率。

M8-1　塔盘的安装

8.2　任务二　塔设备的拆装

　　以学院的汽提塔为例进行拆卸与安装。手机扫描二维码 M8-1 可以查看塔盘的安装。

（1）打开人孔

人孔的打开顺序是从上往下依次打开。

在打开人孔时，要选择合适的工具，应本着螺栓尺寸、强度、类型和安全质量的原则进行选用，同时还应考虑拆卸的难易程度（如锈蚀）等。

预先沿直径方向对称留下四个螺栓，余下螺栓拆卸顺序是隔一个拆一个，拆卸下来的螺栓都要戴上螺母，放在不易掉落和不影响操作的地方，摆放整齐。

拆卸最后剩余的四个螺栓。先逐个松动2～3扣。用尖扳手从一边撬动人孔盖试探分离，观察是否有物料喷出，如果有物料喷出，应迅速紧固已松动的螺栓，进行报告，如果没有出现上述现象，先拆除人孔合叶轴对面的其他三个螺栓，最后拆卸剩余一个螺栓，但在拆卸最后一个螺栓时，应先将尖扳手插入上部螺栓孔中，避免损坏螺纹。最后慢慢打开人孔到最大开度。拆卸时注意点如下：

松动螺栓时初始用力不能过猛，更不能使用爆发力，如果工作面比较小，螺栓拆卸所需外力很大，操作员应系上安全带，安全带应拴在牢固位置上；松动螺栓需要2个人以上配合操作时，要确定一人指挥。扳口一定要压实。如需加套管的，应选择合适的管径和长度。

拆卸时要注意站位，要在侧面，以防一旦有物料喷出而出现意外。

（2）检查

① 清理人孔密封面及更换垫片；

② 清理密封面时要注意避免划伤密封面；

③ 新更换的垫片材质应与旧垫片相同。

（3）拆装塔盘

拆卸、清理、检修塔盘是塔盘进行检修的主要环节，它直接关系到检修后塔能否达到运转周期，精馏效果能否保证。

在操作过程中要精神集中，时时牢记自己所处环境，如果感觉疲劳，要稍作休息，恢复正常再继续。

① 拆卸塔盘需3人以上，参加人员应做到，塔内塔外相互配合，塔上塔下相互配合，尤其是塔内外人员应采用定时轮换的方法来调整体力，内外不断喊话的方式来保证安全。

② 拆塔盘顺序自上而下，人员从下部人孔出塔。装塔盘顺序自下而上，人员从上部人孔出塔。

③ 入塔人员须在塔外人员配合下安全入塔，工具由塔外人员传递给塔内人员，并时时监护喊话，接应拆卸塔盘。

④ 每层塔盘拆卸顺序，要首先打开通道板。先打开通道板两侧卡位螺栓，再逐个松动塔板之间连接螺栓，并送出塔外，然后抓住一侧拉手慢慢提起，传递给塔外人员。这时人可以站到下一层塔盘上，拆卸剩余的两块边板，依次拆卸送出。注意人不能站在支撑强度不够的地方，而且要站稳。

⑤ 塔外人员对拆除每层塔盘组合板进行编号，以防安装出现混乱。编号内容包括：人孔编号（从上至下排列），每层塔盘编号，每层塔盘内的塔板编号（从里到外，人孔侧为外），并将每层的塔盘板按照编号组合在一起。

⑥ 拆到深处塔盘，可用绳索将塔盘一块一块拉出人孔，塔内人员必须将塔盘板系牢，塔外人员听到塔内人员起重指令后，慢慢将塔板拉到人孔处，另外一名塔外人员将塔板拿出，方可解开绳索，绝不允许在塔板起重上升途中松手或在塔内解索。

⑦ 将塔盘用滑轮运至安全地点，放平，放稳，进行清理和检修：先用铁刷将塔盘两面清理干净；检查有无损坏，包括：螺栓、卡子、浮阀、溢流堰等；能处理的问题包括：补齐缺损浮阀、螺栓和卡子，对所有通用螺栓进行透油、活动，达到灵活好用。有些问题不能处理的及时汇报有关部门和人员。

⑧ 塔盘按编号摆放，核实准确，准备安装塔盘。

（4）装塔盘、封人孔

装塔盘、封人孔，是拆装塔盘操作整个过程中十分重要的环节，严把这道关口关系到整个工作成败的关键。应按下列方法进行。

① 塔盘安装顺序自下而上按拆卸时的编号将最底层塔盘运到下一个人孔处，其他塔盘运到原拆卸人孔处。并检查卡子安放是否正确，所用螺栓配带齐全、灵活好用。

② 每层塔盘安装方法：先安装内侧塔盘，将塔盘放在人孔一侧塔盘架上平推过去；再装外侧塔盘板；最后装中间板（通道板）。

③ 卡子螺栓安装紧固方法：人员进入塔内，将塔板连接螺栓戴上，各卡子定位并轻轻带劲（用力能窜动）；紧固连接螺栓，螺栓眼对正，紧到板与板靠严即可；拧紧各个卡子。

④ 上一层塔盘安装，需从上边人孔按编号顺序将塔盘板用绳索吊入塔内，其安装方法与安装第一层塔盘方法相同。注意，必须将塔盘板系牢。

⑤ 人在离开安装好的塔盘时，要进行清理和检查，不要将工具、螺栓和其他材料物品落在塔盘上，否则要重新拆卸和安装。必须做到干一层，清理检查一层。

⑥ 封人孔，封人孔是检修最后一个工序。

封人孔之前，先清点塔盘安装所用工具和剩余螺栓和材料数量是否正确，确认后方可封人孔。

对人孔法兰和人孔盖子水线面进行检查，不能有锈蚀和沙粒状物质，更不能有损坏现象，确认无误后方可进行安装。

穿螺栓方法：先从下部往两侧穿至一半数量（穿入同时戴上螺母），这时可以将巴金垫放入，再将其他螺栓穿好。必须留一个螺栓孔做调试调正用。

⑦ 调试和紧固螺栓方法。先将合适的尖扳手插入调试螺栓孔（最上侧 1～2 个孔）将法兰螺栓孔对正，法兰对齐，其他人员用手将螺母带扣至巴金垫用力能拨动为止，而且做到均匀。然后对巴金垫进行调正，全部压在水线面上，不能偏。当调整到位时，开始从上下左右呈十字对角均匀紧固（16 个螺栓以上可选择对拧 8 个螺栓的方法），带上劲后可拿掉调试扳手穿上螺栓。其他螺栓普遍采取对角拧的方法进行，直到达到力矩要求（对角紧固，就是防止法兰紧偏，巴金垫受力不匀，而导致泄漏）。

人孔封好后，将所用工具和剩余材料物品全部收回。

（5）清理现场和质量检查验收

清理现场和进行质量检查验收，是完成塔盘拆装操作的最后一项工作，因此尤为重要。它是由验收单位对拆装单位和个人，按验收标准对其完成的工作进行检查和验收，一旦验收合格，就证明可能使用。对汽提装置塔盘拆装操作检查验收应遵循下列原则。

① 现场清理应做到工完料净场地清，设备无油垢，地面无杂物。否则不能验收。

② 拆装作业设备退出拆装现场，地面无损坏。

③ 检查人孔法兰安装质量：主要从以下三个方面进行，一是螺栓是否上齐，方向是否正确一致，法兰盘是否对齐，巴金垫是否放正；二是螺母紧固是否均匀，力矩是否到位；三是螺栓选择合适，包括直径和栓长，紧固后的螺栓多出 3～4 扣为宜。

(a) 待拆卸的浮阀塔

(b) 沿竖梯登塔

(c) 打开的人孔

(d) 系好安全带，准备入塔

(e) 进塔(一)

(f) 进塔(二)

(g) 塔内的操作者

(h) 拆卸通道板(塔板的一种)

图 8-3

(i) 吊出塔盘

(j) 吊起塔盘(准备回装)

(k) 回装后的塔盘

(l) 封装后的人孔

图 8-3   板式（浮阀）塔的拆卸与安装

安装过程中，塔板上的卡子、螺栓的规格、位置、紧固程度、板的排列、板与梁或支持圈的搭接尺寸等均应符合要求。

8.3   任务三   塔设备拆装的安全注意事项

学院进行拆装实训的汽提塔是经过处理的设备，塔的介质对拆卸操作人员基本没有危害，但在企业现场对准备检修的塔设备而言，因物料刚刚处理完成，在拆装检修中不能保证绝对安全，因此在拆装检修时应注意以下几点。

① 制订检修方案时，其内容必须包括相应的安全措施。

② 维修人员应熟悉设备特点和工艺介质的物理化学性质。应按规定穿戴防护用具，并严格遵守有关安全规定，需动火时必须办理动火证。

③ 检修时，检修人员进入塔内之前，必须进行氧气含量分析、办理进塔作业许可证，并派有专人在人孔等处进行监护，有可靠的联络措施。

④ 进塔检修人员应穿不带铁钉的干净胶底鞋；在塔板上工作时，应站在支撑塔板横梁处或木板上。

⑤ 塔内作业应保持清洁，避免垫片、油布、残渣、碎片等杂物遗留在塔内。

⑥ 起吊内件时，应按有关起重、吊装安全规定进行，并派专人负责。

⑦ 塔内照明应使用安全电压（12V）；若检修用具的使用电压超过26V，应配置漏电保护器；接线应使用绝缘良好的软线。

⑧ 高空作业时，必须系好安全带，戴好安全帽。

⑨ 立式笼梯、平台、脚手架必须牢固、可靠。

⑩ 检修中应加强组织和协调，塔内、外、上方、下方应相互照应、密切联系。

第 9 章

阀门拆装

【内容提要与训练目标】

阀门是流体输送中的控制装置，安装在管路系统中，其基本功能是控制管路的连通或切断，改变介质的流通方向，调节介质的压力和流量，保护管路系统上的设备正常运行。本章重点拆装化工设备维修车间现有的十种常用的阀门，通过拆装，认识其结构和工作原理。

（1）实训的目的
① 通过实训使学生认识工程中常用的阀门，了解其功用、特点和应用场合。
② 掌握常用阀门的工作原理和调整维护方法。
③ 掌握常用阀门的拆装操作要领和注意事项。

（2）实训设备
闸阀、安全阀、截止阀、旋塞阀、球阀、蝶阀、止回阀、隔膜阀、疏水阀、减压阀。

（3）实训内容
本项目主要是对上述十种常见阀门的拆装，分析他们的结构特点、工作原理，了解常用阀门在结构及工作的一些共同特征及不同点。

9.1 任务一 阀门知识介绍

（1）概述
阀门是流体输送中的控制装置，安装在管路系统中，其基本功能是控制管路的连通或切断，改变介质的流通方向，调节介质的压力和流量，保护管路系统上的设备正常运行。其作用主要有：开启与关闭，即切断或连通管道内流体介质的流动；调节，即改变管路阻力，调节流体流速，降低输出压力；安全保护，即当管路或设备内介质压力超过规定值时，及时自动排放多余的介质，维持一定的压力，保证管路系统及设备安全；控制流向，即分配及控制流体的流量和流向等；止回，即用来防止介质倒流。此外还有疏水、防空、排污等其他的作用。

随着现代工业的不断发展，阀门需求量不断增长，一个现代化的石油化工装置就需要上万只各式各样的阀门，由此可见阀门使用量很大。认识阀门的结构，了解其工作原理是正确使用和维护阀门的必要，在这里对化工设备维修车间常用的阀门进行拆装，以认识其结构特点及工作原理。

（2）阀门的分类
阀门的用途广泛，种类繁多，分类方法也比较多。总的可分两大类：

第一类自动阀门：依靠介质（液体、气体）本身的动力而自行动作的阀门。如止回阀、安全阀、调节阀、疏水阀、减压阀等。

第二类驱动阀门：借助手动、电动、液动、气动等方式来操纵动作的阀门。如闸阀、截止阀、节流阀、蝶阀、球阀、旋塞阀等。

此外，阀门的分类还有以下几种方法：

① 按作用和用途分类

a. 截断阀，又称闭路阀，其作用是接通或截断管路中的介质。截断阀包括截止阀、闸阀、旋塞阀、球阀、蝶阀和隔膜阀等。

b. 止回阀，又称单向阀或逆止阀，其作用是防止管路中的介质倒流。水泵吸水管的底阀也属于止回阀类。

c. 安全阀，作用是防止管路或装置中的介质压力超过规定数值，从而达到安全保护的目的。

d. 调节阀，调节阀的作用是调节介质的压力、流量等参数。包括调节阀、节流阀和减压阀。

e. 分流阀，分流阀的作用是分配、分离或混合管路中的介质。包括各种分配阀和疏水阀等。

② 按结构特征，根据关闭件相对于阀座移动的方向分类

a. 截门类：关闭件沿着阀座中心移动。

b. 闸门类：关闭件沿着垂直阀座中心移动。

c. 旋塞和球类：关闭件是柱塞或球，围绕本身的中心线旋转。

d. 旋启类：关闭件围绕阀座外的轴旋转。

e. 碟类：关闭件的圆盘，围绕阀座内的轴旋转。

f. 滑阀类：关闭件在垂直于通道的方向滑动。

③ 按公称压力分类

名称	压 力	名称	压 力
真空阀	低于标准大气压	高压阀	10～80MPa
低压阀	$PN \leqslant 1.6MPa$	超高压阀	$PN \geqslant 100MPa$
中压阀	2.5MPa、4.0MPa、6.4MPa		

④ 按工作温度分类

名称	温 度	名称	温 度
超低温阀	$t < -100℃$	中温阀	$120℃ \leqslant t < 450℃$
低温阀	$-100℃ \leqslant t < -40℃$	高温阀	$t \geqslant 450℃$
常温阀	$-40℃ \leqslant t < 120℃$		

此外还可按照公称通径、连接方式、阀体材料等对阀进行分类。

（3）阀门型号编制方法

对于通用的截止阀、闸阀、安全阀、节流阀、蝶阀、球阀、隔膜阀、旋塞阀、止回阀、减压阀、蒸汽疏水阀、排污阀、柱塞阀的型号编制，由以下七个部分组成。

| Ⅰ | Ⅱ | Ⅲ | Ⅳ | Ⅴ | Ⅵ | Ⅶ |

Ⅰ——阀门类型代号，用汉语拼音字母表示；

Ⅱ——驱动方式代号，用阿拉伯数字表示；

Ⅲ——连接形式代号，用阿拉伯数字表示；

Ⅳ——结构形式代号，用阿拉伯数字表示；

Ⅴ——阀座密封面材料代号，用汉语拼音字母表示；

Ⅵ——公称压力数值，应符合 GB/T 1048—2005《管道元件——PN（公称压力）的定义和选用》的规定；

Ⅶ——阀体材料代号，用汉语拼音字母表示。

阀门名称一般按照传动方式、连接形式、结构形式、衬里材料和类型进行命名。

对于以下几种结构形式的阀门，连接形式若为法兰连接，则省略如下内容：闸阀的"明杆""弹性""刚性"和"单闸板"，截止阀、节流阀的"直通式"，球阀的"浮动球""固定球"和"直通式"，蝶阀的"垂直板式"，隔膜阀的"屋脊式"，旋塞阀的"填料"和"直通式"，止回阀的"直通式"和"单瓣式"，安全阀的"不封闭式""阀座密封材料"。

型号和名称编制方法示例：

电动、法兰连接、明杆楔式双闸板、阀座密封材料由阀体直接加工，公称压力PN0.1MPa、阀体材料为灰铸铁的闸阀：2942W-1 电动楔式双闸板闸阀。

（4）拆装实训安全注意事项

① 拆装阀门时首先要了解各类阀门的构造及拆装顺序，不能盲目拆卸，也不能硬撬或用手锤撞击。原因是大多数阀体的材质为铸铁，韧性差，这样可防止阀门零部件的损坏。

② 合理使用拆装工器具，用力要稳，注意拆装时因用力过猛导致阀体或零部件掉落而砸伤腿脚或地板，工具拆卸时要装卡到位，防止滑脱而伤人。

③ 所有拆卸下的零部件不论大小都应该摆放好，不能乱堆乱放，以免组装时发生差错。

④ 组装阀门时对于一些均布螺栓，紧固时必须对角均匀拧紧，防止接触面倾斜而导致密封面接触不良或结合处零部件出现裂缝而泄漏。

⑤ 阀芯部件组装时，严禁将螺母或其他异物滞留在阀体内，组装前要用干布擦干净，检查无误才可以组装。

⑥ 有些阀门体积较大、笨重，单人很难完成阀门的拆装，需要团队协作，相互配合，合理分工，共同完成拆装任务。

9.2 任务二 常用阀门的拆装实训

9.2.1 闸阀

闸阀，是使用很广的一种阀门，多用于公称直径 $DN \geq 50$mm 的切断装置中，但在公称直径很小的切断装置，有时也选用闸阀。

（1）闸阀的工作原理和结构

闸阀又叫闸板阀或闸门阀。是指关闭件（闸板）沿通路中心线的垂直方向移动的阀门。当闸板升起或落下时阀门即开启或关闭，闸阀是最常用的截断阀之一。闸阀的启闭件是闸板和阀座，为了保证阀门在关闭时严密不漏，闸板和阀座均需要经过研磨。阀座上通常镶有耐磨耐腐蚀的金属密封圈，以便延长阀座的使用寿命。闸板阀的主要零部件有闸板、阀体、阀杆、阀盖、填料函、套筒螺母和手轮等。如图 9-1、图 9-2 所示。

（2）闸阀的分类

闸阀可按连接形式、阀杆运动情况及闸板的结构进行分类。

① 根据闸阀与管路连接的形式可分为法兰连接和螺纹连接两种，法兰连接一般用于公称直径较大的阀门，而螺纹连接则用于公称直径较小的阀门。

② 根据闸阀闸板阀启闭时阀杆运动情况的不同，可分为明杆式和暗杆式两种。

明杆闸阀的阀杆螺纹位于阀杆的上部，与阀盖上部的套筒螺母相配合，旋转手轮时，阀杆与闸板一起作上下方向的运动，随着阀门的开启，阀杆逐渐升高。明杆式闸阀在工作过程中，阀杆上下运动，占用的空间高度较大，可根据阀杆的高低判断阀门的开启程度，螺纹不受介质的腐蚀且便于润滑，使用寿命长。

暗杆式闸阀的阀杆螺纹位于阀杆的下部，与嵌在闸板上的套筒螺母相配合，旋转手轮时，阀杆与手轮一起转动，闸板在阀腔内作上下方向的运动，阀门在开启或闭合时，阀杆只在原地旋转，而没有轴向运动，只有闸板在作上下运动。暗杆式闸阀的阀杆上下位置不变，占用的空间高度较小；但不能判断阀门的开启程度；而且螺纹受介质的腐蚀，不易于润滑，使用寿命短。

③ 根据闸阀闸板结构形状的不同，闸阀可分为楔式闸阀（图9-1）和平行式闸板阀（图9-2）两类，楔式闸阀的关闭件采用楔式闸板，常见的楔式闸板有弹性闸板、单闸板和双闸板三种。平行式闸板阀多采用撑开式平行双闸板，即用顶楔将两块闸板撑开，使闸板与阀座达到严密的接触，撑开式平行双闸板有上顶楔和下顶楔两种。

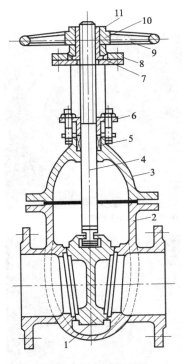

图 9-1 楔式闸阀

1—楔式闸板；2—阀体；3—阀盖；4—阀杆；
5—填料；6—填料压盖；7—套筒螺母；
8—压紧环；9—手轮；10—键；11—压紧螺母

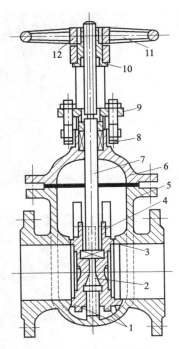

图 9-2 平行式闸板阀

1—平行式双闸板；2—顶楔；3—密封圈；4—昔箍；
5—阀体；6—阀盖；7—阀杆；8—填料；
9—填料压盖；10—套筒 11—手轮；12—键

（3）闸阀的特点

优点：闸阀结构比较简单，有较好的铸造工艺性。流体流过闸阀时阻力小；启闭时所需外力较小；闸阀安装没有方向要求，介质的流向不受限制；闸阀在全开时，密封面受工作介质的冲蚀比截止阀小。

缺点：闸阀的外形尺寸和开启高度都较大。安装所需空间较大；启闭过程中，闸板和阀体密封面间有相对运动，容易引起擦伤；闸阀一般都有两个密封面，给加工、研磨和维修增加一些困难。

此外，当阀门部分开启时，在闸板背面产生涡流，易引起闸板的侵蚀和震动，也易损坏阀座密封面，修理困难。闸阀通常适用于不需要经常启闭，而且保持闸板全开或全闭的工况。不适用于作为调节或节流使用。

（4）闸阀的拆装

闸阀的拆卸以明杆单闸板阀为例，如图9-1所示，其拆卸顺序为：

拆卸手轮压紧螺母→手轮→套筒上的连接键→拆卸支架→拆卸填料压盖→填料→阀盖和阀体连接螺栓→拆分阀体与阀盖→拆卸阀盘（闸板、阀芯）→阀杆。手机扫描二维码M9-1可以查看闸阀的拆卸和组装。

M9-1 闸阀的拆卸和组装

拆卸后，用煤油或其他清洗剂把零部件清洗干净，并按拆卸顺序摆放整齐，依次检查清理。具体操作如下：

① 拆卸步骤 如图9-3所示。

(a) 待拆卸的闸阀

(b) 拆卸手轮上的压紧螺母

(c) 拆卸手轮

(d) 拆卸套筒螺母上的连接键

(e) 拆卸阀盖上的支架连接螺栓

(f) 取下支架

(g) 拆卸套筒螺母

(h) 拆卸密封压盖

(i) 取出密封填料

(j) 拆卸阀体与阀盖连接螺栓

(k) 拆分阀体与阀盖

(l) 用阀杆取出阀盘(闸板、阀芯)

图 9-3

(m) 阀体内部结构　　　　　　　　　　(n) 观察闸阀结构

图 9-3　闸阀的拆卸

② 阀门拆卸的注意事项

a. 拆卸前应做好标记。

b. 拆卸时阀门应手动开启 1-2 扣，以防闸板与阀座卡住。

c. 注意拆卸顺序，并做好记录。

d. 注意填料的保护，要用专用工具，不能硬撬，以免损伤填料及密封表面。填料一定要清除干净。

e. 当配合面处的密封垫片发生粘连时，一定要把密封面清除干净，否则安装后容易造成泄漏。

f. 拆卸后，把零部件清洗干净，或用干布擦净。特别要注意保护密封面。

③ 闸阀的组装　闸阀的组装与拆卸过程相反，遵循拆卸过程的记录。

a. 闸阀组装时，应处于开启 1-2 扣状态。

b. 组装前检查阀腔和密封面等部位，不允许有污物或砂粒附着。

c. 各连接部位螺栓的螺纹要涂以润滑剂，对称均匀拧紧螺栓。

d. 损坏的填料要及时更换。

④ 组装质量检查

① 对组装后的闸阀进行开关试验，要求在开关的全行程中无卡涩等现象。

② 检查支架上的阀杆螺母是否拧紧，检查支架有无损伤。

③ 阀盖与阀体连接牢固，无松动现象，结合面处的密封垫片平整、光洁。

④ 填料压盖位置合理，填料压紧要适当，既保证填料的密封性，也要保证闸板开启灵活。

9.2.2　安全阀

安全阀根据介质工作压力的大小而自动启闭泄压防护装置，它的作用是确保受压容器或管路的安全，以免超压而发生破坏性事故，它是压力容器或管路最为重要的安全附件之一。其工作原理是：当容器或管路内压力超过某一定值时，依靠介质自身的压力自动开启，迅速排出一定数量的介质。当容器内的压力降到允许值时，自动关闭，使容器内压力始终低于允许压力的上限，自动防止因超压而可能出现的事故，所以安全阀又被称为压力容器的最终保护装置。

安全阀的特点是能够较准确地维持设备和管路内的压力值，根据介质压力的大小自动控制启闭。

安全阀根据管路的连接形式，可分为法兰连接和螺纹连接两种。根据平衡内压的方式不同，安全阀又可分为杠杆重锤式、弹簧式和脉冲式三种。这里主要介绍弹簧式安全阀（法兰连接）。

（1）弹簧式安全阀的工作原理及特点

弹簧式安全阀的结构原理如图9-4所示，它采用将螺旋弹簧压紧的办法，使之产生弹性作用力传递到阀盘上，使阀盘与阀座间的密封面产生密封力，从而达到密封的目的。

安全阀的阀盖6和阀体1由螺栓连接成一体，阀盖内的弹簧由调节套筒螺栓10通过上弹簧座将弹簧压紧，这个压紧力由调节套筒螺栓10的升降来调节，下弹簧座托住弹簧并安装在阀杆14上，阀杆14将弹簧的弹力通过端部传递到阀盘5的中心，所以，弹簧式安全阀开启压力的大小是通过调节套筒螺栓的上下位置来改变的。

（2）弹簧式安全阀的要求

由于安全阀是管路和压力容器的保护装置，因此安全阀应具有：

① 较高的灵敏度；

② 规定的排放压力；

③ 在使用过程中保证强度、密封及安全可靠；

④ 动作性能的允许偏差和极限值在规定的范围内。

（3）弹簧式安全阀的分类

弹簧式安全阀根据阀盘的开启高度不同，可分为微启式和全启式两种基本形式。

① 弹簧微启式安全阀 弹簧微启式安全阀的结构如图9-4所示。所谓微启，就是安全阀的开启高度是微量的。在设备超压时，介质的排放速度应该越快越好，但当安全阀的工作介质为液体时，要求安全阀的启闭过程要非常平稳，不允许有突然开关的动作，否则会造成"水锤"现象。又因液体介质是不可压缩的，在一个充满液体介质的容器内，液体体积的少量变化，就会使容器内的压力发生很大的变化，所以在液体介质容器上使用的安全阀为微启式安全阀。

微启式安全阀的开启高度是喷嘴喉径的1/20～1/15，通常做成渐开式。

② 弹簧全启式安全阀 弹簧全启式安全阀的结构如图9-5所示。所谓全启，即全部开启的意思。全启式安全阀通常做成急开式，即阀盘的开启过程在某一瞬间突然启跳，达到全开高度。它主要利用反冲机构改变介质的流向，增加阀盘在开启时的受力面积。气体介质在大量冲出时形成向上的冲击力，阀盘一下子被托得很高，达到全启。但在阀盘刚开启时，气体还没有产生相当的动能，所以在刚刚开启时比较平稳，当达到一定程度才产生突变，由于弹簧全启式安全阀的整个开启动作是由平稳到突然升起，所以它也被称为两段作用式安全阀。这种安全阀适用于气体或蒸汽介质的场合。

如锅炉运行中，水沸腾后将产生大量的压力蒸汽；压缩机运转时，气体被压缩而存储大量的能量，当设备超压时，需要迅速释放这些能量，若采用微启式，则泄压不够及时，造成危害。

弹簧全启式安全阀的开启高度等于或大于喷嘴喉径的1/4～1/3。

根据介质的排放情况，弹簧式安全阀又分为密封式的和非密封的两种。密封式的一般用于易燃易爆和有毒性的介质。

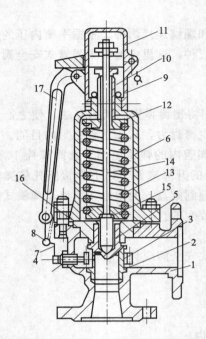

图 9-4　弹簧微启式安全阀的结构

1—阀体；2—阀座；3—调节齿轮；4—止动螺钉；
5—阀盘；6—阀盖；7—铁丝；8—铅封；9—锁紧螺母；
10—调节套筒螺栓；11—安全罩；12,15—弹簧座；
13—弹簧；14—阀杆；16—导向套；17—扳手

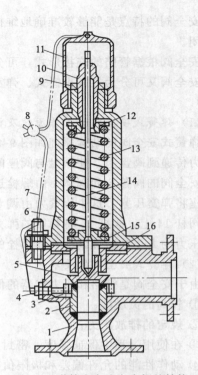

图 9-5　弹簧全启式安全阀的结构

1—阀体；2—阀座；3—调节齿轮；4—止动螺钉；
5—阀盘；6—阀盖；7—铁丝；8—铅封；9—锁紧螺母；
10—调节套筒螺栓；11—安全罩；12,15—弹簧座；
13—弹簧；14—阀杆；16—导向套

　　弹簧式安全阀还有带扳手的（图 9-4）和不带扳手的（图 9-5）之分。扳手的主要作用一是检查阀盘的灵活程度，二是定期开启，防止阀座和阀盘粘连，有时也可作手动紧急卸压用。

　　（4）弹簧式安全阀的拆装（手机扫描二维码 M9-2 可以查看安全阀的拆卸）

M9-2　安全阀的拆卸

　　弹簧式安全阀的拆卸以弹簧微启式安全阀为例，如图 9-6 所示，其拆卸顺序为：

　　铅封→扳手→安全罩螺钉→安全罩→垫片→锁紧螺母→套筒调压螺栓→阀体与阀盖连接螺栓→分开阀体和阀盖→阀盘→导向套→阀杆→弹簧和弹簧座→调节圈螺钉→调节圈。

(a) 破开铅封

(b) 拆卸扳手

(c) 拆卸顶举件

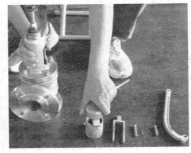

(d) 拆卸安全罩螺钉及安全罩　　　(e) 拆卸安全罩螺钉及安全罩　　　(f) 拆卸限位螺母(双螺母锁紧)

(g) 拆卸锁紧螺母　　　　　　(h) 拆卸调节套筒螺栓　　　　　(i) 拆卸阀体与阀盖连接螺栓

(j) 拆分阀体与阀盖　　　(k) 取出阀杆、弹簧及弹簧座并拆分　　　(l) 取出导向套　　　(m) 取出阀盘

(n) 松开止动螺钉　　　　　　(o) 旋出调节齿轮　　　　　　(p) 调节齿轮与阀盘

(q) 阀体(注意介质流动方向)　　　　　(r) 观察安全阀零部件的结构

图 9-6　安全阀的拆卸

安全阀拆卸后，用煤油或其他清洗剂把零部件清洗干净，并按拆卸顺序摆放整齐依次检查清理。具体操作如下：

① 拆卸步骤

② 弹簧式安全阀拆卸的注意事项

a. 拆卸前应做好标记。注意拆卸顺序，并做好记录。

b. 测量、调节套筒或调压螺栓高度并做好记录和标记。

c. 测量和记录上下调整圈的位置，并做好标记。导向套取出前应做位置标记。

d. 拆卸弹簧时，弹簧和弹簧座部件就作为整体不进行拆卸。

e. 当阀盖与阀体配合面处的密封垫片发生粘连时，一定要把密封面清除干净，否则安装后容易造成泄漏。

f. 拆下的阀杆、调节圈、反冲盘、阀瓣、导向套、阀盖等零部件要记录其装配顺序及相互位置关系，摆放整齐。

g. 拆卸后，要把零部件清洗干净，或用干布擦净。特别要注意保护密封面。

h. 观察阀座内部结构，了解安全阀工作原理及密封结构。

③ 弹簧式安全阀的组装　安全阀的组装顺序与拆卸时相反，步骤如下：

阀盘→导向套→垫片→阀杆→弹簧和弹簧座→阀盖→阀体和阀盖连接螺栓→套筒调压螺栓。（启跳压力和密封压力试验后）锁紧螺母→垫片→安全罩→安全罩螺钉→铅封。

安全阀安装时应特别细心，密封面一定要清洁，试压用的介质也一定要清洁，所有螺纹部分均应涂上二硫化钼，以防止锈蚀，也便于以后拆卸。

④ 组装质量要求

a. 上下调整圈的螺纹装复前应涂上润滑油，并和解体时位置相同。

b. 阀杆上的横销要放在阀盘背面防止阀盘转动的槽里。

c. 导向套的位置必须与解体前的位置一样。

d. 阀杆、阀盘、弹簧罩、挡环等各配合部位均须涂上润滑油。

e. 弹簧座防转螺钉不能漏装。

安全阀组装后必须进行性能试验，性能试验可分为强度试验、启跳试验和密封试验三种。

9.2.3　截止阀

(1) 截止阀工作原理及结构

利用装在阀杆下面的阀盘与阀体突缘部分（阀座）的配合来控制启闭的阀门称为截止阀。

截止阀又叫球心阀，是化工生产中应用比较广泛的一种阀门，适用于水、气、油和蒸汽等管路。如图 9-7 所示。

截止阀的主要零部件有手轮、阀杆、填料压盖、填料、阀盖、阀体、阀盘和阀座等。

截止阀的密封件是阀盘和阀座。转动手轮，带动阀杆和阀盘沿轴线作上下移动，从而改变了阀盘和阀座之间的距离，即改变了通道截面积的大小，使流体的流量改变。为使截止阀关闭后严密不泄漏，阀盘和阀座的结合面必须经过研磨，或者使用装有带弹性的非金属材料作为密封面。为防止介质从阀体和阀盖的结合面处泄漏，在该结合面中间应加密封垫片。阀杆穿出阀盖之间的径向间隙，采用填料密封，以防止阀体内的介质沿阀杆泄漏。

阀杆上有螺纹,小型截止阀的螺纹在阀体内部,这种形式结构紧凑,但螺纹易受介质的腐蚀而发生破坏,大型阀门的螺纹在阀体的外部,这样既避免了介质的腐蚀,又便于润滑,延长了使用寿命。

截止阀在管路中一般只起沟通和切断介质的作用,不宜长期用于调节介质的流量和压力,否则,密封面会被介质冲刷腐蚀,使其密封性能破坏。

为了使阀体能够承受介质的腐蚀,延长其使用寿命,可在阀体内表面上衬防腐层。常用的衬层材料有铅、橡胶、搪瓷和塑料等。

(2)截止阀的特点

截止阀是关闭件沿阀座中心线移动的阀门。

截止阀的特点是结构简单,制造和维修比较方便;工作行程小,启闭时间短;密封性好,密封面间摩擦力小,寿命较长;可进行流量调节,应用广泛。但其流体阻力较大,开启较缓慢,所需转矩较大,不适于输送带固体颗粒、黏度较大及易结焦的介质;调节性能较差。

截止阀在管路上安装时,应特别注意介质出入阀口的方向,使其"低进高出",即介质从阀盘的底部进入,从阀盘的上部流出,只有这样,才会减少介质的流动阻

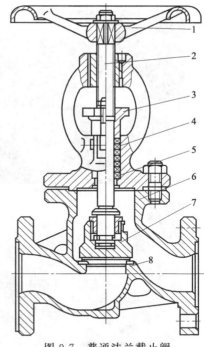

图 9-7 普通法兰截止阀
1—手轮;2—阀杆;3—填料压盖;4—填料;
5—阀盖;6—阀体;7—阀盘;8—阀座

力,开启阀门时也比较省力,且阀门关闭后,阀杆和填料不再与介质接触,减少了介质的腐蚀。

(3)截止阀的分类

截止阀根据与管路的连接形式,可分为法兰连接和螺纹连接两种,螺纹连接用于公称直径较小的阀门,而法兰连接一般用于公称直径较大的阀门;

根据所承受介质的压力可分为低压、中压、高压和超高压截止阀;

根据截止阀结构形式,可以分为标准式、流线式、直线式和角式。

标准式截止阀的阀体中部呈球形,阀座位于阀体的中心部位,介质在阀体内的流动阻力较大;流线式截止阀的阀腔呈流线形,介质的流动阻力比标准式截止阀小;直线式截止阀的阀杆倾斜成 45°,介质流过阀腔时,以直线方式流过,所以流体的流动阻力最小;角式截止阀进出口的中心线相互垂直,适用于管路垂直转弯处。

(4)截止阀的拆装

如图 9-8 所示,截止阀拆卸顺序为:拆卸手轮螺母→拆卸手轮→拆卸填料压盖螺母→拆卸阀盖与阀体连接螺栓→分解阀盖与阀体→抽出阀杆→填料压盖→填料→套筒螺母(铆接在手轮上)。手机扫描二维码 M9-3 可以查看截止阀的拆卸。

拆卸后,用清洗剂把各零部件清洗干净,并按拆卸顺序摆放整齐,依次检查清理。在拆卸过程中,应根据具体情况调整前后顺序,阀杆与阀盘的拆卸视连接方式确定,不能拆时不可强拆。具体操作如下:

① 拆卸步骤

M9-3 截止阀
的拆卸

(a) 拆卸手轮螺母

(b) 拆卸手轮

(c) 观察阀杆端部的结构形状

(d) 拆卸填料压盖螺母

(e) 拆卸阀盖与阀体连接螺栓

(f) 分开阀盖与阀体

(g) 阀盖、阀杆等一起从阀体中抽出

(h) 阀体的内部结构

(i)拆分阀杆与阀盖　　　　　　　　(j)观察截止阀结构

图9-8　截止阀的拆卸

② 阀门拆卸的注意事项

a. 拆卸前应做好标记，明确拆卸顺序，并做好记录。

b. 拆卸时阀门应处于开启1-2扣，以防阀盘与阀座卡死。

c. 拆卸过程中，尽量避免碰、摔、砸等破坏性操作，以防造成设备或人身事故。

d. 当配合面处的密封垫片发生粘连时，一定要把密封面清理干净，以免造成安装后泄漏。

e. 拆卸后，要把零部件清洗干净，或用干布擦净。特别要注意保护密封面。

③ 截止阀的组装　截止阀的组装与拆卸过程相反，遵循拆卸过程的记录。

a. 截止阀组装时，应处于稍微开启状态。

b. 组装前检查阀腔和密封面等部位，阀体内应吹扫干净，密封面不允许有污物或砂粒附着，造成零部件装配不到位。

c. 各连接部位螺栓的螺纹要涂以润滑剂，要求对称均匀拧紧螺栓。

d. 损坏的填料要及时更换。

④ 组装质量检查

a. 对组装后的截止阀要进行开关试验，要求阀杆在开关的全行程中无卡涩等现象。

b. 检查支架（阀盖）上的阀杆螺母是否拧紧，检查支架（阀盖）有无损伤。

c. 阀盖与阀体连接牢固，无松动现象，结合面处的密封垫片平整、光洁。

d. 填料压盖位置合理，填料要均匀压紧，既保证填料的密封性，也要保证阀杆开启灵活。

9.2.4　旋塞阀

（1）旋塞阀的工作原理及结构

旋塞阀是用带通孔的旋塞体作为启闭件的阀门。如图9-9所示。旋塞体随阀杆转动，以实现启闭动作。由于旋塞阀密封面之间运动带有擦拭作用，而在全开时可完全防止密封面

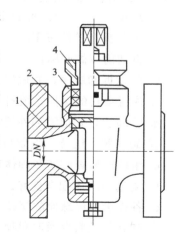

图9-9　旋塞阀

1—阀体；2—旋塞；

3—填料；4—填料压盖

与流动介质的接触，故它通常也能用于带悬浮颗粒的介质。小型无填料的旋塞阀又称为"考克"。旋塞阀的塞体多为圆锥体（也有圆柱体），与阀体的圆锥孔面配合组成密封副。

旋塞阀是使用最早的一种阀门，结构简单、开关迅速、流体阻力小。普通旋塞阀靠精加工的金属塞体与阀体间的直接接触来密封，所以密封性较差，启闭力大，容易磨损，通常只能用于低压力（不高于1MPa）和小口径（小于100mm）的场合。

（2）旋塞阀的特点

① 旋塞阀用于经常进行启闭操作的场合，启闭迅速、轻便。

② 旋塞阀流体阻力小。

③ 旋塞阀结构简单，相对体积小，重量轻，便于维修。

④ 密封性能好。

⑤ 安装方向不受限制，介质的流向可任意。

⑥ 无振动，噪声小。

⑦ 大直径的旋塞阀开关时费力，密封面研磨修理困难。

旋塞阀可以安装在水平方向的管路中，也可安装在垂直方向的管路中，且阀门的出入口可以任意调整，但在安装时应尽量使阀杆向上，以便尽量减少填料处的泄漏。

（3）旋塞阀的分类

① 根据连接方式旋塞阀分为法兰连接和螺纹连接两种。

法兰连接一般用于公称直径较大的阀门，而螺纹连接一般用于公称直径较小的阀门。

② 根据介质流向旋塞阀分为直通式、三通式和四通式三种。在直通式旋塞阀中，流体的流向不变。在这里主要介绍直通式旋塞阀。

（4）旋塞阀的拆装

M9-4　旋塞阀
　的拆装

如图9-10所示，旋塞阀拆卸顺序为：拆卸阀杆螺母→拆卸手柄→拆卸填料压盖→填料→拆卸旋塞。

拆卸后，用煤油或其他清洗剂把零部件清洗干净，并按拆卸顺序摆放整齐，依次检查清理。具体操作如下（手机扫描二维码M9-4可以查看旋塞阀的拆装）：

① 拆卸步骤

② 阀门拆卸的注意事项

a. 拆卸前应做好标记。

b. 注意拆卸顺序，并做好记录。

c. 注意填料的保护，填料一定要清除干净。

d. 拆卸后，要把零部件清洗干净，或用干布擦净。特别要注意保护密封面。

③ 旋塞阀的组装　组装与拆卸过程相反，遵循拆卸过程的记录。

a. 组装前检查旋塞和阀体密封面等部位，不允许有污物或砂粒附着。

b. 旋塞与阀体配合良好。

c. 各连接部位螺栓的螺纹要涂以润滑剂，要求均匀拧紧。

d. 损坏的填料要及时更换。填料压盖两侧螺栓用力均匀，压盖间隙符合要求。

④ 组装质量检查

a. 对组装后的旋塞阀要进行开关试验，要求无卡涩等现象。

(a) 待拆卸的旋塞阀

(b) 拆卸填料压盖螺栓

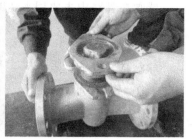
(c) 移除填料压盖

(d) 拆除上层填料

(e) 阀底部的顶启螺栓

(f) 顶启螺栓将旋塞和填料一起由阀体内顶出

(g) 拆卸填料

(h) 观察旋塞阀结构

图 9-10　旋塞阀的拆卸

b. 填料压盖位置合理，填料部位要求压紧，既保证填料的密封性，也要保证闸板开启灵活。

9.2.5　球阀（法兰球阀）

如图 9-11 所示，球阀和闸阀是同属一个类型的阀门，区别在于它的启闭件是个球体，球体绕阀体中心线作旋转来实现开启、关闭。当球体旋转 90°时，在进、出口处应全部呈现球面，从而截断流动，反之则接通。

（1）球阀的工作原理及结构

球阀的密封原理和旋塞阀非常相似，只是把旋塞阀中的旋塞变成了带孔的球体，但结构及装配方法等和旋塞阀又有较大区别。它的主要优点是操作简便，开关迅速，介质流动阻力小，密封性能好，所以球阀已得到日益广泛的应用。它主要适用于低温、高压及黏度较大的介质和开关要求迅速的管路。

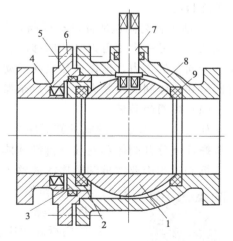

图 9-11　活动密封阀座的浮动球球阀
1—浮动球；2—密封阀座；3—活动套筒；
4—弹簧；5—圆形密封圈；6—阀盖；
7—阀杆；8—阀体；9—固定密封阀座

球阀在管路中主要用来切断、分配和改变介质的流动方向。球阀是近年来被广泛采用的一种新型阀门。

（2）球阀的特点

球阀具有以下优点：

① 流体阻力小。

② 结构简单、体积小、重量轻。

③ 紧密可靠，适用范围广，通径从小到几毫米，大到几米，从高真空至高压力都可应用。

④ 操作方便，开闭迅速，从全开到全关只要旋转 90°，便于远距离的控制。

⑤ 维修方便，球阀结构简单，密封圈镶嵌在阀体上，拆卸更换方便。

⑥ 全开时，球体和阀座的密封面与介质隔离，介质通过时，不会引起阀门密封面的侵蚀。

⑦ 其主要缺点是不能做精细调节流量之用。

（3）球阀的分类

① 根据连接方式　球阀可分为法兰连接和螺纹连接两种，法兰连接一般用于公称直径较大的阀门，螺纹连接一般用于公称直径较小的阀门。

② 根据介质流向　球阀可分为三通式和直通式两种。介质的分配形式和旋塞阀相同。

③ 根据球体结构　球阀可分为浮动球和固定球两大类。浮动球球阀的球体在阀体内是可以自由浮动的，根据密封座结构的不同，浮动球球阀又可分为固定密封阀座和活动密封阀座两种形式。

a. 固定密封阀座的浮动球球阀，其主要结构有密封球体（浮动球）、固定密封座、阀盖、阀杆、手柄和填料密封装置等。在阀体内装有两个氟塑料制成的固定密封阀座，浮动球球体夹紧在两个阀座之间，球体是球阀的启闭件，为了提高阀门的密封性，球体要有较高的制作精度和较小的表面粗糙度，借助于手柄和阀杆的转动，可以带动球体转动，以达到球阀开关之目的。

b. 活动密封阀座的浮动球球阀，与固定密封阀座球阀不同的只是两个密封座中一个是固定的，而另一个则可以沿轴向移动。该阀的优点是当关闭球体时右腔有介质，介质就给球体一个向左的压力，球体被压紧在活动阀座上，从而使密封性能提高，阀座磨损后，仍能保持阀座和球体间的预紧力，其缺点是操作时费力，关闭后阀体和填料仍受到介质的作用。

（4）球阀的拆装

如图 9-12 所示，球阀拆卸顺序为：拆卸填料压盖→填料→拆卸阀杆→拆卸阀体与阀盖连接螺栓→分开阀体和阀盖→拆卸球体（浮动球）→拆卸密封座。

拆卸过程中要按拆卸顺序摆放整齐，拆卸后要用清洗剂把各零部件清洗干净，依次检查清理。具体操作如下（手机扫描二维码 M9-5 可以查看球阀的拆装）：

① 拆卸步骤

② 阀门拆卸的注意事项

a. 拆卸前应做好标记，明确拆卸顺序，并做好记录。

b. 要用专用工具拆卸填料，不能硬撬，以免损伤填料及密封表面。填料函一定要清除干净。

M9-5　球阀的拆装

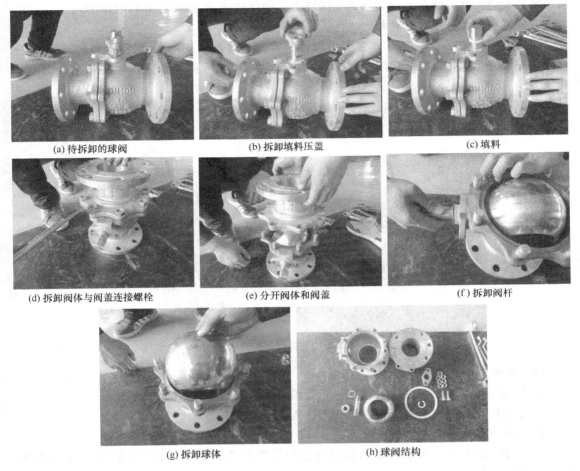

(a) 待拆卸的球阀　　　　　　　　(b) 拆卸填料压盖　　　　　　　　(c) 填料

(d) 拆卸阀体与阀盖连接螺栓　　　　(e) 分开阀体和阀盖　　　　　　　(f) 拆卸阀杆

(g) 拆卸球体　　　　　　　　　　(h) 球阀结构

图 9-12　球阀的拆卸过程

c. 当配合面处的密封垫片发生粘连时，一定要把密封面清理干净，以防止装配后的泄漏。

d. 拆卸后的清洗检查，要特别注意保护密封面。

③ 球阀的组装　球阀的组装与拆卸过程相反，遵循拆卸过程的记录，但要注意以下几点。

a. 组装前检查阀腔和密封面等部位，不允许有污物或砂粒附着。

b. 各连接部位螺栓的螺纹要涂以润滑剂，并对称均匀拧紧。

c. 损坏的填料要及时更换。

④ 组装质量检查

a. 球阀组装后，须进行开关试验，要求球体在开关的过程中转动自如，无卡涩等现象。

b. 阀盖与阀体连接牢固，无松动现象，结合面处的密封垫片平整、光洁。

c. 填料压盖位置合理，填料压紧适度，既保证填料的密封性，也要保证阀杆转动灵活。

9.2.6　蝶阀

蝶阀又叫翻板阀，是一种结构简单的调节阀，蝶阀由阀体、圆盘、阀杆、手柄组成。它采用圆盘式启闭件，圆盘式阀瓣固定于阀杆上，阀杆转动90°即可完成启闭作用。

（1）蝶阀的工作原理及结构

蝶阀的结构如图9-13所示，主要由阀体、蝶板（圆盘）、手柄（蜗轮蜗杆）、阀杆和密封圈等零部件组成。蝶阀的启闭件（蝶板）为圆盘形，蝶板由阀杆带动，旋转角度为0°～90°之间，若转过90°，便能完成一次启闭。改变蝶板的偏转角度，即可控制介质的流量。同时在阀瓣开启角度为20°～75°时，流量与开启角度成线性关系，有节流的特性。蝶阀的蝶板安装于管道的直径方向。

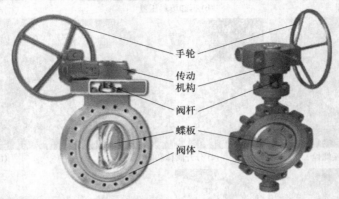

图9-13　蝶阀的结构

（2）蝶阀的结构特点

① 结构简单，外形尺寸小，重量轻，适用于大口径的阀门。

② 全开时阀座通道有效流通面积较大，流体阻力较小。

③ 启闭方便迅速，调节性能好。

④ 启闭力矩较小，由于转轴两侧蝶板受介质作用基本相等，而产生转矩的方向相反，因而启闭较省力。

⑤ 密封面材料一般采用橡胶、塑料，故低压密封性能好。

蝶阀主要用于截断、接通、调节管路中的介质流量，具有良好的流体控制特性和关闭密封性能。蝶阀处于完全开启位置时，蝶板厚度是介质流经阀体时唯一的阻力，因此通过该阀门所产生的压力降很小，故具有较好的流量控制特性。

（3）蝶阀的分类

① 按操作方式，蝶阀有手动蝶阀、电动蝶阀和蜗杆传动蝶阀等。

蜗杆传动蝶阀，蜗杆本身没有自锁能力，为了蝶板的定位，要在阀杆上加装蜗轮减速器。采用蜗轮减速器，不仅可以使蝶板具有自锁能力，使蝶板停止在任意位置上，还能改善阀门的操作性能。

② 按安装方式，常用的蝶阀有对夹式蝶阀和法兰式蝶阀两种。对夹式蝶阀是用双头螺栓将阀门连接在两管道法兰之间；法兰式蝶阀阀门上带有法兰，用螺栓将阀门上两端法兰连接在管道法兰上。

蝶阀在管路中安装时，应保证阀体上的箭头与介质流动的方向一致，以借助介质的压力提高阀门的密封性能。对于带手柄的蝶阀可安装在管路的任何位置。

（4）蝶阀的拆装

以蜗杆传动蝶阀为例，如图9-14所示，蝶阀拆卸顺序为：拆卸指示器玻璃罩压板→取下玻璃罩→拆除指针→拆卸蜗轮蜗杆减速器箱盖→拆下蜗轮旋转限位螺栓→拆卸蜗杆手轮→拆卸蜗杆压盖→旋出蜗杆→拆卸蜗轮→拆卸减速器箱体与支架连接螺栓→拆下减速器箱体→拆下传动键→拆卸支架→拆卸填料压盖→拆卸阀芯→拆卸阀杆（因阀杆与阀盘铆接连接，在这里不拆卸）。在拆卸过程中，可根据实际情况调整拆卸顺序。

M9-6 蝶阀
的拆装

　　拆卸后，用煤油或其他清洗剂把零部件清洗干净，并按拆卸顺序摆放整齐，依次检查清理。具体操作如下（手机扫描二维码 M9-6 可以查看蝶阀的拆装）：

① 拆卸步骤

(a) 待拆卸蝶阀　　(b) 拆卸指示器玻璃罩压板　　(c) 拆除指针

(d) 拆卸蜗轮蜗杆减速器箱盖　　(e) 拆下蜗轮旋转限位螺栓　　(f) 拆卸减速器箱体与支架连接螺栓

(g) 拆卸蜗杆手轮　　(h) 拆卸蜗杆压盖　　(i) 旋出蜗杆

(j) 拆卸蜗轮　　(k) 拆下传动键　　(l) 拆卸支架

图 9-14

(m) 拆卸填料压盖

(n) 拆卸阀芯

(o) 阀杆与阀盘的连接方式

(p) 蝶阀的零部件结构

图 9-14　蝶阀的拆卸

② 阀门拆卸的注意事项

a. 拆卸前应做好标记。

b. 拆卸时阀门应处于稍微开启状态。

c. 注意拆卸顺序，并做好记录。

d. 注意填料的保护，要用专用工具，不能硬撬，以免损伤填料及密封表面。填料一定要清除干净。

e. 当配合面处的密封垫片发生粘连时，一定要把密封面清除干净，否则安装后容易造成泄漏。

f. 拆卸后，要把零部件清洗干净，或用干布擦净。特别要注意保护密封面。

③ 蝶阀的组装　蝶阀的组装与拆卸过程相反，遵循拆卸过程的记录。

a. 组装前检查阀腔和密封面等部位，不允许有污物或砂粒附着。

b. 各连接部位螺栓的螺纹要涂以润滑剂，要求均匀拧紧。

c. 损坏的填料要及时更换。

④ 组装质量检查

a. 对组装后的闸阀进行开关试验，要求阀门在开关的全行程中无卡涩等现象。

b. 检查支架上的阀杆螺母是否拧紧，检查支架有无损伤。

c. 阀盖与阀体连接牢固，无松动现象，结合面处的密封垫片平整、光洁。

d. 填料压盖位置合理，填料部位要求压紧，既要保证填料的密封性，也要保证闸板开启灵活。

9.2.7 止回阀

（1）止回阀的工作原理和结构

止回阀又叫单向阀、止逆阀或不返阀等，它是根据阀盘前后介质的压力差而自动启闭的阀门。在阀体内有一阀盘或摇板，当介质顺向流动时，阀盘或摇板即升起或打开，当介质倒流时，阀盘或摇板即自动关闭，故称为止回阀。

止回阀的特点是单向（介质只能从一个方向流经阀体）和自控（无需人为控制，靠介质的压差控制）功能。

（2）止回阀的分类

根据结构形式的不同，止回阀可分为升降式止回阀、旋启式止回阀、底阀和高压止回阀四种。

① 升降式止回阀　中低压管路中的升降式止回阀结构如图 9-15 所示，主要由阀体、阀座、阀盘和阀盖等零件组成。其阀体的结构和截止阀相同，阀盘上有导向杆，它可以在阀盖内的导向套内自由升降。当介质自左向右流动时，靠介质的压力将阀盘顶开，从而实现了管路的沟通，若介质反向流动时，阀盘下落，截断通路，介质的压力作用在阀盘的上部，保证了阀门的密封。升降式止回阀安装在管路中时，必须使阀盘的中心线与水平面垂直，否则阀盘将难以灵活升降。

② 旋启式止回阀　旋启式止回阀的结构如图 9-16 所示，主要由阀体、阀座、摇板（阀盘）、枢轴和阀盖等零件组成。其启闭件是摇板，当介质自左向右流动时，靠介质的压力将摇板顶开，从而实现了管路的沟通，若介质反向流动时，摇板关闭，截断通路，介质的压力作用在摇板的右面，保证了阀门的密封。旋启式止回阀一般安装在水平管路中，也可安装在垂直的管路上，但会使流体的流动阻力增加。

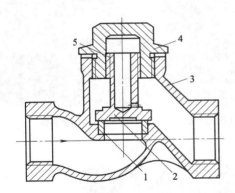

图 9-15　中低压管路中升降式止回阀的结构
1—阀座；2—阀盘；3—阀体；
4—阀盖；5—导向套

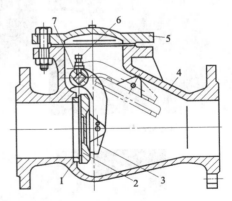

图 9-16　旋启式止回阀的结构
1—阀座密封圈；2—摇板；3—摇杆；4—阀体；
5—阀盖；6—定位紧固螺钉与螺母；7—枢轴

③ 底阀　底阀也有升降式和旋启式两种。常用升降式底阀，由阀体、滤网和阀盘等零件组成，其原理和升降式止回阀相同。在使用时，必须将底阀没入水中，它的作用是防止吸入管中的介质倒流，以便使设备能正常启动，滤网的作用是过滤介质，以防杂质进入设备内部。

④ 高压止回阀　高压止回阀，主要由阀座、阀体、阀盘、阀盖、弹簧、O 形密封圈和

法兰连接螺栓等零件组成。高压止回阀借助于管路上的高压法兰把阀体与阀座夹紧，在法兰与阀座之间装有球形密封垫，两个法兰之间用双头螺栓连接起来，所以又把这种止回阀叫作直通对夹式止回阀。高压止回阀安装时，只要出入口的方向正确，在管路中的位置可以是任意的。

（3）止回阀的拆装

M9-7　止回阀的拆装
（旋启式）

如图 9-17 所示，旋启式止回阀拆卸顺序为［手机扫描二维码 M9-7 可以查看止回阀的拆装（旋启式）］：

拆卸阀体与阀盖连接螺栓→拆下阀盖→拆卸密封圈→拆卸枢轴→拆卸摇板。

拆卸后，用煤油或其他清洗剂把零部件清洗干净，并按拆卸顺序摆放整齐，依次检查清理。具体操作如下：

① 拆卸步骤

(a) 待拆卸的止回阀

(b) 拆卸阀体与阀盖连接螺栓

(c) 拆下阀盖

(d) 拆卸密封圈

(e) 枢轴与摇板的连接

(f) 拆卸枢轴

(g) 拆卸摇板

(h) 止回阀的零部件

图 9-17　旋启式止回阀的拆卸过程

② 阀门拆卸的注意事项

a. 拆卸前应做好标记。

b. 注意拆卸顺序，并做好记录。

c. 当配合面处的密封垫片发生粘连时，一定要把密封面清除干净，否则安装后容易造成泄漏。

d. 拆卸后，要把零部件清洗干净，或用干布擦净。特别要注意保护密封面。

③ 止回阀的组装　止回阀的组装与拆卸过程相反，遵循拆卸过程的记录。

a. 组装前检查阀腔和密封面等部位，不允许有污物或砂粒附着。

b. 各连接部位螺栓的螺纹要涂以润滑剂，要求均匀拧紧。

c. 损坏的密封垫片要及时更换。

④ 组装质量检查

a. 组装后的阀门在开关的全行程中无卡涩等现象。

b. 阀盖与阀体连接牢固，无松动现象，结合面处的密封垫片平整、光洁。

9.2.8 隔膜阀

隔膜阀的结构形式与一般阀门大不相同，是一种新型的阀门，是一种特殊形式的截断阀，它的启闭件是一块用软质材料制成的隔膜，把阀体内腔与阀盖内腔及驱动部件隔开，现广泛使用在各个领域。

（1）隔膜阀的工作原理及结构

隔膜阀是一种特殊形式的截止阀，它利用阀体内的橡胶隔膜来实现阀门的启闭，橡胶隔膜的四周夹在阀体与阀盖的结合面间，把阀体与阀盖的内腔隔开。隔膜中间凸起的部位用螺钉或销钉与阀盘相连接，阀盘与阀杆通过圆柱销连接起来。转动手轮时，阀杆作上下方向的移动，通过阀盘带动橡胶隔膜作升降运动，从而调节隔膜与阀座的间隙，来控制介质的流速或切断管路。隔膜阀的结构如图 9-18 所示，主要零部件有阀体、阀盘、阀杆、阀盖、橡胶隔膜、套筒螺母和手轮等。

（2）隔膜阀的特点

① 结构简单，流体阻力小。

② 能用于含硬质悬浮物的介质。

③ 适用于有腐蚀性、黏性、浆液介质。

④ 不适用于压力较高的场合。

⑤ 维修非常方便，当阀门发生内泄漏时，一般只需更换橡胶隔膜即可。

⑥ 无需填料函，对阀杆部分无腐蚀。

（3）隔膜阀的分类

隔膜阀按结构形式可分为：屋脊式、直流式、截止式、直通式、闸板式和直角式六种；连接形式通常为法兰连接；按驱动方式可分为手动、电动和气动三种，其中气动驱动又分为常开式、常闭式和往复式三种。

（4）隔膜阀的拆装

如图 9-19 所示，隔膜阀拆卸顺序为：拆卸锁紧螺母→拆卸手轮→拆卸阀体与阀盖连接螺

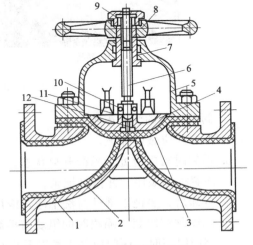

图 9-18　隔膜阀的结构

1—阀体；2—衬胶层；3—橡胶隔膜；4—阀盘；
5—阀盖；6—阀杆；7—套筒螺母；8—手轮；
9—锁紧螺母；10—圆柱销；11—螺母；12—螺钉

栓→分开阀体和阀盖→拆卸阀杆→拆卸阀盘→拆卸套筒螺母。

拆卸后，用清洗剂把零部件清洗干净，并按拆卸顺序摆放整齐，依次检查清理。具体操作如下（手机扫描二维码 M9-8 可以查看隔膜阀的拆装）：

M9-8　隔膜阀的拆装　　　① 拆卸步骤

(a) 待拆卸隔膜阀　　　　(b) 拆卸手轮螺母　　　　(c) 拆卸阀体与阀盖的连接螺栓

(d) 阀体的内部结构　　　　(e) 阀杆和阀盘　　　　(f) 阀杆和压闭圆板采用开口销连接

(g) 隔膜　　　　　　　(h) 隔膜阀的零部件

图 9-19　隔膜阀的拆卸

② 阀门拆卸的注意事项

a. 拆卸前应做好标记。

b. 拆卸时阀门应处于稍微开启状态。

c. 注意拆卸顺序，并做好记录。

d. 拆卸后，要把零部件清洗干净，或用干布擦净。特别要注意保护密封面。

③ 隔膜阀的组装　隔膜阀的组装与拆卸过程相反，遵循拆卸过程的记录。

a. 阀门组装时，阀门应处于稍微开启状态。

b. 组装前检查阀腔和密封面等部位，不允许有污物或砂粒附着。

c. 各连接部位螺栓的螺纹要涂以润滑剂，要求均匀拧紧。

④ 组装质量检查

a. 组装后进行开关试验，要求阀杆无卡涩等现象。

b. 阀盖与阀体连接牢固，无松动现象，结合面处的隔膜应平整、光洁。

c. 锁紧螺母和套筒螺母应安装到位。

⑤ 组装质量检查考核

a. 对组装后的球阀进行开关试验，校对开关开度指示，检查开关情况，阀门在开关全行程无卡涩和虚行程。

b. 检查手柄上的压盖螺母是否拧紧，检查压盖有无损伤。

c. 阀座与阀体结合牢固，无松动现象。

d. 阀盖与自密封垫圈结合面平整、光洁，填料压盖位置合理。

9.2.9 热动力式疏水阀

疏水阀的功能是自动地间歇排除蒸汽管路、加热器或散热器等蒸汽设备系统中的冷凝水，而又能阻止蒸汽泄出，故又称为凝液排出器、阻汽排水阀或疏水器等。

疏水阀的种类较多，结构各异，根据结构和工作原理的不同，疏水阀分为浮子型、热动力型和热静力型三大类。

（1）热动力式疏水阀的工作原理和结构

热动力式疏水阀是目前使用最广泛的一种疏水阀，它是利用蒸汽和冷凝水的动压和静压的变化来自动开启和关闭的阀门。热动力式疏水阀在没有介质通过时，靠阀片的重量作用于阀座上，使阀门处于关闭状态，当冷凝水从阀门进口流入疏水阀内时，先经滤网过滤，再进入中央孔道，冷凝水液面升高，靠水的浮力和压力将阀片顶开，然后流入环形槽，经斜孔流到阀门出口排出，完成排液过程。当冷凝水排放后，蒸汽立即进入阀内，并高速从阀片下方流过，阀片与阀座之间的间隙较小，蒸汽的高流速造成阀片下部的负压，同时，部分蒸汽经过阀片与阀盖之间的间隙进入阀片上方，阀片在双重作用下迅速回落到阀座上，使阀门关闭，阻止蒸汽排出，从而完成阻汽过程。阀片上部的蒸汽逐渐冷凝成液体，压力下降，阀体内的冷凝水再次积聚，顶开阀片排出阀外，这样循环往复，冷凝水被间断排出，达到排水阻汽之目的。热动力式疏水阀的结构如图 9-20 所示，主要零部件有阀体、阀盖、阀片和滤网等。

（2）热动力式疏水阀的特点

热动力式疏水阀的特点是结构简单，体积小，重量轻，维修方便，排水量大，但阀片落下时，产生撞击，易于损坏。

热动力式疏水阀在安装时，一定要注意阀门的进出口方向，阀盖必须垂直向上。

（3）热动力式疏水阀的分类

热动力式疏水阀分为热动力、孔板式和脉冲式三种。仅介绍热动力式疏水阀的原理。

（4）热动力式疏水阀的拆装

参考图 9-21，热动力式疏水阀拆卸顺序为：拆卸阀盖→拆卸阀盘→拆卸螺塞→拆卸滤网。

拆卸后，用清洗剂把零部件清洗干净，并按拆卸顺序摆放整齐，依次检查清理。具体操

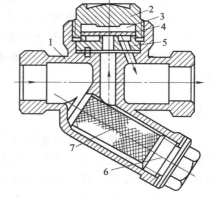

图 9-20 热动力式疏水阀的结构
1—阀体；2—阀盖；3—变压室；4—阀片；
5—阀座；6—螺塞；7—滤网

作如下（手机扫描二维码 M9-9 可以查看疏水阀的拆装）：

　　① 拆卸步骤

　　② 阀门拆卸的注意事项

　　a. 拆卸前应做好标记。

M9-9　疏水阀的拆装　　b. 注意拆卸顺序，并做好记录。

(a) 拆卸阀盖

(b) 拆卸阀片

(c) 疏水阀阀座结构

(d) 拆卸螺塞

(e) 拆卸滤网

(f) 疏水阀零部件结构

图 9-21　疏水阀的拆卸过程

　　c. 当配合面处的密封垫片发生粘连时，一定要把密封面清除干净，否则安装后容易造成泄漏。

　　d. 拆卸后，要把零部件清洗干净，或用干布擦净。特别要注意保护密封面。

　　③ 疏水阀的组装　疏水阀的组装与拆卸过程相反，遵循拆卸过程的记录。

　　a. 组装前检查阀腔和密封面等部位，不允许有污物或砂粒附着。

　　b. 各连接部位螺栓的螺纹要涂以润滑剂，要求均匀拧紧。

　　④ 组装质量检查　阀盖与阀体连接牢固，无松动现象，结合面处的密封垫片平整、光洁。

9.2.10　减压阀

　　减压阀是靠膜片、弹簧或活塞等敏感元件来改变阀盘和阀座之间的间隙，使蒸汽或空气自动从某一较高的压力，降至所需稳定压力的一种自动阀门。化工生产中常用的减压阀有薄膜式、弹簧薄膜式、活塞式和波纹管式等形式，现仅对活塞式减压阀介绍如下。

　　（1）活塞式减压阀工作原理及结构

　　活塞式减压阀是一种带有副阀的复合式减压阀，在化工生产中应用最为广泛。它利用膜片、弹簧和活塞等敏感元件改变阀芯和阀座之间的间隙来达到减压的目的。在阀体的下部装有主阀弹簧以支承主阀阀芯，使主阀阀芯与阀座处于密封状态，下部端盖中的螺塞用来排放阀中的积液。阀体上部的汽缸中装有汽缸盘、汽缸套、活塞和活塞环，汽缸中间的导向孔与主阀阀杆相配合，活塞顶在主阀阀杆上，当活塞受到介质压力后，通过主阀阀杆推动主阀阀芯下移，使主阀开启。阀盖内装有脉冲阀弹簧、阀芯和阀座，在阀座上覆有不锈钢膜片，帽盖内装有调节弹簧、调节螺钉及锁紧螺母，以便调节所需的工作压力。

活塞式减压阀的结构如图9-22所示，主要零部件有阀体、主阀阀座、主阀弹簧、主阀阀芯、汽缸、活塞、阀盖、调节弹簧、调节螺钉、不锈钢膜片、脉冲阀阀座、脉冲阀阀芯和脉冲弹簧等。

（2）活塞式减压阀的调节方法

活塞式减压阀在使用前，必须根据所需压力进行调节，其调节方法是先卸下安全罩，松开锁紧螺母，顺时针方向旋转调节螺钉，顶开脉冲阀，介质由进口A、通道B、脉冲阀和通道C进入活塞上方，由于活塞面积比主阀阀芯面积大，受力后活塞向下移动使主阀阀芯开启，介质流向出口同时通过D、E通道进入膜片下方，此时与弹簧力平衡。压力调好后，将锁紧螺母拧紧，并装上安全罩。

使用过程中，如果出口压力增高，原来的平衡即遭破坏，膜片下的介质压力大于调节弹簧的压力，膜片向上移动，脉冲阀随之向关闭的方向运动，使流入活塞上方的介质减少，压力亦随之下降，引起活塞与主阀芯上移，减小了主阀芯的开度，出口压力也随之下降，达到新的平衡。反之，出口压力下降时，主阀芯向开启方向移动，出口压力又随之上升，达到新的平衡，这样，可以使出口压力保持在一定的范围内。

（3）活塞式减压阀的特点

减压阀的压力调节后，不论低压管路中介质的消耗量如何变化，其压力基本可以维持稳定。

减压阀安装时必须使阀杆和阀芯处于垂直状态。

（4）活塞式减压阀的拆装

如图9-23所示，活塞式减压阀的拆卸顺序为：拆卸螺塞→拆卸端盖→拆卸主阀弹簧→拆卸主阀阀座→拆卸主阀阀芯→拆卸安全罩→拆卸帽盖与阀盖连接螺栓→拆卸帽盖→拆卸调节弹簧及弹簧座→拆卸调节螺钉→拆卸膜片→拆卸脉冲阀阀座→拆卸脉冲阀阀芯→拆卸脉冲阀弹簧→拆卸阀盖与阀体连接螺栓→拆卸阀盖→拆卸定位销→拆卸活塞（活塞环）→拆卸汽缸套→拆卸汽缸盘。

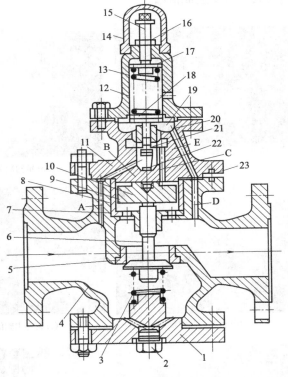

图9-22 活塞式减压阀的结构

1—端盖；2—螺塞；3—主阀弹簧；4—阀体；5—主阀阀座；
6—主阀阀芯；7—汽缸盘；8—汽缸套；9—活塞环；
10—活塞；11—阀盖；12—帽盖；13—调节弹簧；
14—安全罩；15—调节螺钉；16—锁紧螺母；
17—上弹簧座；18—下弹簧座；19—不锈钢膜片；
20—脉冲阀阀座；21—脉冲阀阀芯；
22—脉冲弹簧；23—定位销

M9-10　减压阀
的拆装

拆卸后，零部件清洗干净，并按拆卸顺序摆放整齐，依次检查清理。具体操作如下（手机扫描二维码 M9-10 可以查看减压阀的拆装）：

① 拆卸步骤

② 阀门拆卸的注意事项

a. 拆卸前应做好标记。

b. 注意拆卸顺序，并做好记录。

c. 当配合面处的密封垫片发生粘连时，一定要把密封面清除干净，否则安装后容易造成泄漏。

(a) 待拆卸减压阀

(b) 拆卸端盖螺栓

(c) 拆卸端盖螺栓

(d) 拆卸主阀弹簧

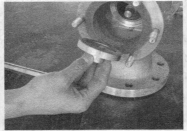
(e) 拆卸主阀阀盘

(f) 拆卸主阀阀芯

(g) 拆卸安全罩

(h) 松开调节螺栓螺母

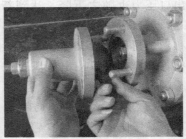
(i) 拆卸帽盖

(j) 拆卸不锈钢膜片

(k) 从帽盖内拆卸调节弹簧及弹簧座

(l) 拆卸脉冲阀阀座

(m) 脉冲阀阀芯

(n) 拆卸脉冲阀弹簧

(o) 拆卸阀盖

(p) 拆卸汽缸盘

(q) 拆卸汽缸套

(r) 活塞和活塞环

(s) 阀体内部结构

(t) 减压阀主要零部件结构

图 9-23 活塞式减压阀的拆卸

d. 拆卸后，要把零部件清洗干净，或用干布擦净。特别要注意保护密封面。

③ 减压阀的组装 减压阀的组装与拆卸过程相反，遵循拆卸过程的记录。

a. 阀门组装时，各对应通道应畅通无阻塞。

b. 组装前检查阀腔和密封面等部位，不允许有污物或砂粒附着。

c. 各连接部位螺栓的螺纹要涂以润滑剂，并均匀拧紧。

④ 组装质量检查 阀盖与阀体连接牢固，无松动现象，结合面处的密封垫片平整、光洁。

9.3 任务三 阀门的操作

9.3.1 操作阀门的注意事项

阀门是流体输送系统中的一个重要部件，阀门的结构和性能是操作和维修人员必须熟悉和掌握的，正确识别阀门的启闭方向、开度标识、指示信号，熟练准确地调节和操作阀门、及时果断地处理各种应急故障，是操作和维修人员不可或缺的技术技能，操作时主要注意以下几点：

① 识别阀门的启闭方向。一般手动阀门，手轮顺时针旋转表示阀门关闭，逆时针表示阀门开启，但有个别阀门方向与上述启闭相反，在操作前应检查启闭标志，以免操作失误，造成事故。对于旋塞阀，当阀杆顶面的沟槽与通道平行时，阀门在全开，当阀杆旋转 90°，沟槽与通道垂直，阀门全关，对于以手柄启闭的旋塞阀，一般扳手与通道平行为开启，垂直为关闭。对于三通、四通的阀门的启闭操作，应按开启、关闭换向的标记执行。

② 阀门启闭用力要适当。操作阀门时，用力应该平稳，不可冲击。若用力过大过猛，则容易造成手柄（手轮）损坏，擦伤阀杆和密封面，甚至压坏密封面，而造成泄漏或损坏。

③ 手动阀门是使用最广的阀门，它的手轮或手柄，是按照普通的人力来设计的，考虑了密封面的强度和必要的关闭力。因此不能用长杠杆或长扳手来扳动。以免用力过大，造成阀门损坏。冲击启闭的高压阀门除外。

有些人习惯于使用扳手，应严格注意，不要用力过大过猛，否则容易损坏密封面，或扳断手轮、手柄。

④ 蒸汽阀门的开启，在开启前，必须先将管道预热，排除凝结水，开启时要缓慢，以免出现水锤现象，损坏阀门和设备。

⑤ 对于设有旁通阀的较大口径阀门，开启时，应先打开旁通阀，待阀门两边压差减小后，再开启大阀门。关闭时，先关闭旁通阀，再关闭大阀门。

⑥ 当阀门全开后，应将手轮倒转少许，使螺纹之间严紧，以免松动损伤。对于明杆阀门，要记住全开和全闭时的阀杆位置，避免全开时撞击上死点。并全闭时没有关死。假如阀瓣脱落，或阀芯密封之间嵌入较大杂物，全闭时的阀杆位置就要变化。

闸阀、截止阀类阀门开启到最大时，要回转 1/4～1/2 圈，有利于操作检查，以免拧得过紧，损坏阀件。

⑦ 对于初次投入使用的管路，内部脏物较多，可将阀门微启，利用介质的高速流动，将其冲走，然后轻轻关闭（不能快闭、猛闭，以防残留杂质夹伤密封面），再次开启，如此重复多次，冲净脏物，再投入正常工作。

⑧ 常开阀门，密封面上可能粘有脏物，关闭时也要用上述方法将其冲刷干净，然后正式关严。

⑨ 如手轮、手柄损坏或丢失，应立即配齐，不可用活络扳手代替，以免损坏阀杆的开关，启闭不灵，以致在生产中发生事故。

⑩ 某些介质，在阀门关闭后冷却，使阀件收缩，操作人员就应于适当时间再关闭一次，让密封面不留细缝，否则，介质从细缝高速流过，很容易冲蚀密封面。

⑪ 操作时，如发现操作过于费劲，应分析原因。若填料太紧，可适当放松，如阀杆歪斜，应通知人员修理。有的阀门，在关闭状态时，关闭件受热膨胀，造成开启困难；如必须在此时开启，可将阀盖螺纹拧松半圈至一圈，消除阀杆应力，然后扳动手轮。

⑫ 200℃ 以上的高温阀门，一般在常温下安装，正常使用后，因温度升高，螺栓受热膨胀，造成密封比压下降，所以必须再次拧紧，叫作"热紧"，操作人员要注意这一工作，否则容易发生泄漏。

⑬ 天气寒冷时，水阀长期闭停，应将阀后积水排除。汽阀停汽后，也要排除凝结水。阀底有如丝堵，可将它打开排水，以防冻裂阀体。

⑭ 非金属阀门，在操作时，启闭力不能太大，尤其不能冲击。还要注意避免物件磕碰，目的是防止因硬脆或强度较低而破坏。

⑮ 新阀门或刚维修的阀门，在投入使用时，填料不要压得过紧，以不漏为度。

9.3.2 阀门的常见故障

① 介质泄漏。在阀门进、出口法兰、阀盖密封处的垫片损坏，阀杆的密封填料失效及阀体有砂眼、裂纹等都会造成泄漏，一般需专业检修人员处理。

② 阀门关闭不严。原因是阀门没有关到底，密封面有杂物，密封面损坏等。检查阀门是否在全关闭位置，或重新开启阀门几圈后再关严，观察是否泄漏。对于密封面损坏的，需要检修人员重新研磨密封面。

③ 阀门卡死，开关不动。可能是阀门关得过紧或开得过大，应首先检查分析阀门的启闭状态，切忌盲目操作，造成阀门损坏，如阀门卡涩锈死要设法修理。

④ 阀芯脱落。阀杆螺母损坏等均会引起阀门启闭不正常，如明杆阀门的阀杆转动，阀门开关没有尽头等，运行人员要凭经验分析判断。进行维修。

⑤ 传动机构失灵。对于电动、液动阀门传动机构的部件损坏，阀门也不能正常启闭。这时要修理传动装置。

二维码信息库

序号	编号	信息名称	信息简介	二维码
1	M1-1	化工设备维修车间简介	化工设备维修车间始建于 2009 年,在骨干校建设期间进一步完善,内有各种机泵设备 50 多台套,可满足学生实训和项目化理论教学	
2	M2-1	手拉葫芦的使用	手拉葫芦俗称斤不落或倒链,是一种以焊接环链为挠性承重件的起重工具,通过视频了解其工作过程	
3	M2-2	游标卡尺的使用	游标卡尺是一种精度较高的测量工具,可用于测量工件的内径、外径、槽宽、槽(孔)深和工件的长度。通过视频,学生可掌握其使用方法	
4	M2-3	千分尺的使用	千分尺是一种精密的量具,能准确测出 $0.005\sim0.01mm$ 的精度,主要用于测量工件的内径、外径、长度和宽度等,通过视频学生可掌握其使用方法	
5	M3-1	离心泵装置的组成	它由泵、吸入系统和排出系统三部分组成。通过视频,学生可认识离心泵装置的组成	
6	M3-2	单级 Y 型油泵的拆卸	以车间内的单级 Y 型油泵为例展示其拆卸过程	
7	M3-3	单级单吸叶轮简介	介绍了单级叶轮的结构和特点	

序号	编号	信息名称	信息简介	二维码
8	M3-4	悬臂式离心泵装配	单级离心泵的构造及工作原理,熟悉各部件的名称作用,掌握单级单吸离心泵的装配过程	
9	M3-5	双吸式离心泵结构简介	单级双吸离心泵的吸入口与排出口均在泵轴心线的下方,与轴线垂直成水平方向,通过视频可了解其结构笔组成。	
10	M3-6	五级分段式离心泵的拆卸	五级分段式离心泵是多级泵的一种,通过视频讲解,学生可初步了解其拆卸方法和拆卸过程	
11	M3-7	五级分段式离心泵的组装	五级分段式离心泵是多级泵的一种,通过视频讲解,学生可初步了解其组装方法和组装过程及注意事项	
12	M4-1	外啮合齿轮泵的拆装	外啮合齿轮泵是通过两个相互啮合的齿轮的转动对液体做功的,齿轮将泵壳与齿轮间的空隙分为两个工作室;另一个则因为齿轮啮合而呈正压与排出口相连,完成排液。通过视频,可了解其结构及工作原理	
13	M4-2	内啮合齿轮泵的拆装	内啮合齿轮泵是由一对相互啮合的内齿轮及它们中间的月牙形件、泵壳等构成。月牙形件的作用是将吸入室和排出室隔开。通过视频,可了解其结构及工作原理	
14	M4-3	单螺杆泵的拆装	单螺杆泵是一种内啮合回转式容积泵,单头螺杆在柔性衬套内偏心地转动,实现流体的输送,通过视频可了解其结构及工作原理	
15	M4-4	旋涡泵的拆装	旋涡泵是叶片式泵的一种,通过视频可了解其结构和工作原理	

续表

序号	编号	信息名称	信息简介	二维码
16	M5-1	L 形活塞式压缩机的拆卸	通过视频可了解 L 形活塞式压缩机的结构	
17	M6-1	离心式压缩机的结构	通过视频可了解离心式压缩机的结构,认识其主要零部件	
18	M7-1	U 形管式换热器的拆卸	通过视频可了解浮头式换热器的结构,认识其主要零部件	
19	M8-1	塔盘的安装	通过视频可认识塔器的结构、塔盘的拆卸和安装方法,并认识塔盘的结构	
20	M9-1	闸阀的拆卸和组装	通过视频可认识闸阀的结构及拆卸方法,并认识其主要零部件	
21	M9-2	安全阀的拆卸	通过视频可认识安全阀的结构及拆卸方法,并认识其主要零部件	
22	M9-3	截止阀的拆卸	通过视频可认识截止阀的结构及拆卸方法,并认识其主要零部件	
23	M9-4	旋塞阀的拆装	通过视频可认识旋塞阀的结构及拆卸方法,并认识其主要零部件	

序号	编号	信息名称	信息简介	二维码
24	M9-5	球阀的拆装	通过视频可认识球阀的结构及拆卸方法，并认识其主要零部件	
25	M9-6	蝶阀的拆装	通过视频可认识蝶阀的结构及拆卸方法，并认识其主要零部件	
26	M9-7	止回阀的拆装（旋启式）	通过视频可认识止回阀（旋启式）的结构及拆卸方法，并认识其主要零部件	
27	M9-8	隔膜阀的拆装	通过视频可认识隔膜阀的结构及拆卸方法，并认识其主要零部件	
28	M9-9	疏水阀的拆装	通过视频可认识疏水阀的结构及拆卸方法，并认识其主要零部件	
29	M9-10	减压阀的拆装	通过视频可认识减压阀的结构及拆卸方法，并认识其主要零部件	

参 考 文 献

[1] 杨雨松等编著. 泵维护与检修. 北京：化学工业出版社，2016.
[2] 罗杰主编. 石油化工机器. 北京：中国石化出版社，1993.
[3] 张麦秋主编. 化工机械安装修理. 北京：化学工业出版社，2006.
[4] 任晓善主编. 化工机械维修手册. 上卷. 北京：化学工业出版社，2003.
[5] 任晓善主编. 化工机械维修手册. 中卷. 北京：化学工业出版社，2004.
[6] 任晓善主编. 化工机械维修手册. 下卷. 北京：化学工业出版社，2004.
[7] 张涵主编. 化工机器. 北京：化学工业出版社，2005.
[8] 傅伟主编. 化工用泵维护与检修. 北京：化学工业出版社，2010.
[9] 魏龙主编. 密封技术. 北京：化学工业出版社，2009.
[10] 中国石油化工公司. 石油化工设备维护检修规程. 北京：中国石化出版社，2004.
[11] 方子严主编. 化工过程机器. 北京：中国石化出版社，2007.
[12] 李和春主编. 化工维修钳工：上、下册. 北京：化学工业出版社，2009.
[13] 中国石化人事部. 机泵维修钳工. 北京：中国石化出版社，2008.
[14] 钱锡俊、陈弘主编. 泵和压缩机. 东营：中国石油大学出版社，2007.
[15] 何瑞珍主编. 化工设备维护与检修. 北京：化学工业出版社，2012.
[16] 金雅娟等主编. 泵原理与维护与检修. 北京：化学工业出版社，2016.
[17] 徐廷国主编. 化工机械维修-化工管路. 北京：化学工业出版社，2010.
[18] 隋博远主编. 压缩机与检修. 北京：化学工业出版社，2012.
[19] 邢晓林主编. 化工设备. 北京：化学工业出版社，2005.